"广西艺术学院学术著作出版资助项目"（项目编号：XSZZ202111）

色彩营造
——中国南方特色建筑色彩研究

贾思怡 ◎ 著

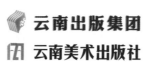

云南出版集团

云南美术出版社

图书在版编目（CIP）数据

色彩营造：中国南方特色建筑色彩研究 / 贾思怡著
. -- 昆明：云南美术出版社，2022.8
ISBN 978-7-5489-4983-1

Ⅰ . ①色… Ⅱ . ①贾… Ⅲ . ①建筑色彩—研究—中国
Ⅳ . ① TU115

中国版本图书馆 CIP 数据核字 (2022) 第 142929 号

责任编辑：　赵雪妮
责任校对：　何　花　许　伟
装帧设计：　优盛文化

色彩营造——中国南方特色建筑色彩研究
贾思怡　著

出版发行：　云南出版集团
　　　　　　云南美术出版社（昆明市环城西路 609 号）
印　　装：　定州启航印刷有限公司
开　　本：　710mm×1000mm 1/16
印　　张：　17.75
字　　数：　290 千
版　　次：　2022 年 8 月第 1 版
印　　次：　2023 年 3 月第 1 次印刷
印　　数：　1～1000
书　　号：　ISBN 978-7-5489-4983-1
定　　价：　98.00 元

　　随着我国环境设计专业的深度发展，重现地域特色或者民族特色的建筑已经逐渐成为当今人文社科的热门领域。一方面，建筑手绘艺术作为艺术学和建筑学学科的重要研究内容之一，其手绘理念和实现路径成为与跨学科人员进行专业沟通时的瓶颈，特别是在处理色彩的客观规律上，其主观性的内在逻辑总是会有不尽如人意的表达之处。为了顺应建筑手绘艺术发展的潮流，亟须将色彩的各种规律与技巧原则转化成适合跨学科、跨语境所能理解、执行的表达语言和数据结构。另一方面，目前市场上有很多关于建筑手绘艺术的书籍，但是针对建筑色彩主题的阐述和研究还为数甚少，色彩表达模式和处理原则一直是以主观意识和创作经验为基础的，没有出现实质性的突破。因此，建立与之相适应的手绘色彩表达新途径将是艺术学和建筑学研究亟待开发的新领域。

　　本书结合艺术学和建筑学两个学科视角，以我国南方地区的各类特色建筑为表现主题，重点表达这些建筑的色彩（包括主观色彩和客观色彩）。以十四幅传统建筑和两幅当代建筑的手绘作品为对象，试图通过分析各种色彩感性因素，建立一套适合跨学科理解和沟通的色彩和谐量化模型。本书的理论研究和建筑手绘作品，使色彩和谐相关理论和色彩氛围相关理论更直观地表达出来，成为为建筑艺术而生的专门性色彩理论，构建一个创新型理论体系。

　　本书的研究从色彩和谐理论和色彩氛围理论两大关键主题入手，提出了部分手绘色彩量化的方法，以及具体的色彩量化模型。在关于色彩和谐的量化方法和模型方面，提出了 HSL 色彩空间系统中满足色彩和谐的运用法则，展示了大众能够理解和接受的和谐配色技巧，为建筑手绘艺术研究提出了新的途径和方法。

　　本书的内容主要是十三年来作者进行建筑手绘创作的系统性回望和总结，是作者进行硕士研究生和本科生教学课程的核心内容。另外，特别感谢四川美术学院戴嘉陵教授和武汉大学王炎松教授。正是两位老师的平台，成就了作者的跨学科研究，这种兼具社会科学与自然科学的视野和方法正是支撑本书研究的基础。

广西艺术学院建筑艺术学院的黄文宪教授、江波教授、陶雄军教授、林海教授、莫敷建教授、钟云燕教授和武汉大学的刘雪博士都是笔者难得的良师益友，在此感谢他们对作者参加工作以来的引导、支持和鼓励。

感谢笔者的母亲刘美玉和四川、湖南两地亲友对笔者工作的支持。在悠长的岁月中，是他们不断为笔者照亮了前进之路，使笔者重燃对人生的终极信心。

本书受到"广西艺术学院学术著作出版资助项目"（项目编号：XSZZ202111）的资助，在此一并感谢。

受作者的学识水平所限，书中难免存在诸多不足甚至错误，恳请各位专家、同行批评指正。

贾思怡

2021 年 4 月 30 日

目录
CONTENTS

第一章 绪论

第一节　建筑手绘色彩领域的问题

手绘色彩研究历史悠久，手绘艺术和装饰彩画的发展无不伴随着人们对色彩的认识和工具、技术的进步。早期的手绘色彩研究源于对建筑和景观本身的色彩视觉感受分析，这个分析是非客观的，常常带有强烈的个人艺术风格和主观表达意愿。例如，中国古代的五色学说是一套在阴阳五行理论上发展起来的理论，青、赤、黄、白、黑五色分别对应木、火、土、金、水五行。但是，这种学说只是中国古代哲学的秩序观在色彩学上的一种同构范式，是中国古人理解和对待大自然的基础模型，并不能代表真正意义上的色彩学理论。在西方，文艺复兴时期的达·芬奇（Leonardo da Vinci）和艾伯蒂（Leone B. Alberti）的手稿中都有专门分析色彩的段落。随后，西方的色彩研究逐渐呈现感性个人经验和理性科学分析两条路径并行的格局，并且这些研究一直停留在朴素的认知归纳层面。

从 18 世纪牛顿的分光实验及其色彩理论诞生开始，色彩学理论才逐渐与光谱学研究相结合，色彩学也因此发展成为一个独立的科学研究领域。至此，从德国歌德的色轮理论、瑞士荣格的色彩球理论、法国谢弗勒尔的色度图理论到德国奥斯特瓦尔德的色立体理论，林林总总的色彩学理论都无一例外地遵循着光谱学原则和秩序。

随着色彩学研究与运用的快速发展，色彩学已经成为一门横跨艺术学、建筑学、化学和心理学等学科的交叉学科。由于各个学科领域的专业差异性，不同学科的色彩研究者往往对"什么是和谐色彩"有着不同的理解和运用方式，这也是造成色彩研究各成体系、繁复不定的主要原因。因此，色彩研究领域一直普遍存在诸多问题和障碍，特别是在涉及美学认知和客观规律方面，色彩感性因素的量化问题一直困扰着色彩研究者和艺术家。

但不可否认的是，尽管色彩研究各领域在色彩理解上不免产生分歧，但是各自所属的领域都切实地对对方产生了影响，各领域的色彩研究者也普遍会采用色彩立体模型作为色彩基础研究的参考。例如，艺术学出身的笔者多年投身于建筑学的科研环境中，在建筑手绘艺术方面，主要是遵循色彩的光谱规律和人的感知规律，既属于光色研究范畴，又兼顾从直观感受出发的观察色彩造成的情感心理表达与色彩文化符号再现。本书不仅是作者十二年来艺术创作的自省和总结，而且对建筑手绘色彩感性因素量化研究的探索具有重要的研究意义。

第二节　本书的研究意义

一、以手绘的方式系统介绍中国南方特色建筑

建筑是我国历史文化遗产的重要组成部分，承载着中华民族丰富的历史信息，是中华文化长存于历史长河的实物体现。

需说明的是，本书所谓的"南方特色建筑"，实指在中国长江以南各省区、具有一定知名度的或者能够代表建筑所在地文化特色的建筑群。这是因为作者长期身处中国南方地区，在调研过程中尽量选择了行业内公认的地方代表性古今建筑群，对南方地区建筑具有切身感受，在手绘创作过程中具有独特的心得体会。但是，本书涉及范围不局限于"传统村落""乡土建筑"。

本书采用了实地调研与查阅文献相结合的方法，手绘主题范围横跨广西、云南、四川、广东、福建、江西、安徽、湖南和贵州等省区的建筑，并且用了较大篇幅论述文化渊源、建筑构造、景观园林等内容。之所以这么做，是出于以下三点思考。①根据认识世界的"层垒性"原则，若要对一个事物的本质认识愈深刻，就需对该事物的生成和演化历程看得愈深远。②本书不属于工具书类书籍，故可放开思路、独开求索之路径，尽可能地为大众提供更多的信息。③跨学科研究是近年来的科研热点，从艺术学研究建筑学，以手绘技巧、色彩搭配、氛围营造印证建筑。只要其凭借的主题对象是建筑事实，其依据的文化现象符合实际情况，就是有效的科研方法。建筑学书籍中的某些专业词汇、概念，是艺术学中没有或者难以理解的，反之亦然。因此，本书论述横不缺要项、竖追溯到源，目的之一是"金针度人"，让读者领会贮存在特色建筑中经得起历史考验的整体信息，理解色彩美学在特色建筑中的原有特征。

二、引入建筑手绘色彩和谐量化模型

对建筑手绘色彩因素做量化的研究是顺应当今研究方法的趋势，也是笔者近几年来的科研重点。建筑手绘色彩因素量化不仅用于评价画面色彩是否和谐的感性特征，还要进一步为跨学科人员沟通交流提供量化模型和语言模式。

该模型就像一个黑盒子，通过这一套色彩数据处理的思路，将感性的色彩因素和各领域的色彩研究者之间的实验科研对接起来，形成了一个积极有效、易于理解的色彩手绘理论系统。

虽然在各个专业领域中，色彩研究者对色彩的理解具有一定的共识，但是在面对同一套色彩方案时，不同个体之间的感受差异是巨大的。例如，水彩画面色彩和谐的问题，不同专业领域的研究人员对色彩和谐这一论点的观点就不尽相同。形成这些差异的原因有可能是个体喜好、教育经历和文化背景等的不同，这些因素的综合影响会使色彩和谐的评价反馈难以捉摸。为解决这个复杂不定的问题，本书将色彩和谐这一概念设定成一个具体范畴，把某些干扰因素逐个排除，以实现色彩和谐这一单个因素的纯粹化。当然，笔者不否认色彩是多维度的，能够还原色彩各种因素之间的关系本身也是非常重要的研究内容。从多角度解读色彩感性因素范围、多方式表达色彩感性因素的抽象组织关系、客观重建色彩和谐的体现模式，就是本书的重点研究内容。

三、尝试建立建筑手绘色彩氛围营造技巧体系

众所周知，建筑本身是与周边环境息息相关的。特色建筑之所以成为众所周知的"特色地标"，是因为建筑与周边环境之间呈现一种相得益彰的长期稳定状态。但是，随着历史发展或受时局限制，建筑与周边环境或许失去了这种和谐。因此，在手绘创作过程中，建筑的客观性与其周边环境的客观性，就需要笔者通过氛围营造技巧来进行弥补、推翻或再创作。氛围营造技巧需要笔者具有丰富的艺术创作经验。在本书中，作者把艺术创作经验进行系统梳理，整合成一个既能体现艺术创作能力，又能为多方所理解和接受的色彩共性规律，这也是本书的创新点。

第三节　小结

传统的色彩学理论主要是建立在感性认知的基础上，是以人为标定的方式来确定色彩表达的内容。以艺术家为主的色彩研究者和设计师习惯于二维画面或三维空间的整体性思考，而不是将色彩各因素进行剥离、逐个定义。因此，先前的色彩规律和设计理论是模糊不清的，这种通过整体考虑而得出的描述性色彩理论难以适应跨学科的多方沟通和数据处理，这种研究成果无法满足现今社会色彩学相关领域发展的需要。

　　本书提出的方法和路径是逐个分解和量化色彩感性因素，建立一套建筑手绘色彩和谐量化模型，解决多个专业领域之间色彩感性因素的映射和沟通问题，使色彩各项感性因素不再成为沟通障碍，从而突破艺术与其他学科在这个研究领域的沟通瓶颈。如果能建立起相对完善的建筑手绘色彩和谐量化模型，不仅对色彩学发展有促进作用，也能改变传统的建筑手绘表达方法，更易于为没有建筑学和艺术学专业背景的大众所理解和接受，使之更适合这个知识共享、终身学习的时代，手绘艺术也会因此进入一个新的发展阶段。

第二章　基本色彩知识

第一节　基本色彩术语

　　本书中十六幅手绘作品的理论基础是过去四百多年里色彩研究人员所积累的色彩学知识，他们所创立的理论体系已经被许多艺术创作证实，为后来学者提供了色彩理论的基本框架，而这个框架又为色彩氛围营造研究奠定了系统性基础。在此基础上，人们才能够理解各种复杂的色彩体验，进而预见其视觉感受，并最终将其体现在手绘创作中。

　　在本书各章节中，重点阐述的是能够影响人们视觉感知的基本色彩术语。这些术语既可以用来区分不同的色彩性质，又可以建立各行业跨专业交流时的共同语言。色彩主要有三种属性：色相、明度和纯度。在色彩学研究中，这三种属性已经被精密仪器进行了准确量化。色光的绝对波长（色相）和色光的相对灰度参考（明度）是用一定的数值范围来表示的，而色彩的纯净程度（纯度）是用百分比来计算的。在本书中，单个颜色是通过它与其他颜色所进行的比较和它在色相环中的位置来表述的。

　　另外，为了更清楚地描述色彩的相对属性，本书也使用了亮度、补色、色调和色温等术语。由于各行业使用这些术语对色彩进行区分的目的不同，其定义往往不是一成不变的。本书接下来所定义的色彩术语，主要是从手绘创作的角度出发的。

一、色相

　　在观察色彩时，色相是最先被感受到的，甚至有时色相被定义为色彩最基本的属性。色相涉及色彩的波长和它在色相环中的位置，即它所包含的红、黄、蓝三色的数量。笔者可以通过其位置之间的比较来定义色相，如参照橙色来定义偏红橙色的色相，或者参照偏紫的蓝色来定义蓝色的色相。手绘创作中有无数可定义的色相，但它们都来源于常见的三个原色（红、黄、蓝）和三个间色（紫、绿、橙）。

　　同样，色调也可以用来区分色彩。当本书中说某种色彩具有蓝色倾向时，是指它在色相环上的相对位置是在绿色与紫色之间。如果一种蓝色色调具有明显的绿色属性，那么这种蓝色应该归属于绿色族的冷色系列，在色相环中的位置更靠近蓝色。

二、明度

明度用于描述色彩的明暗程度。当两种色彩的相对明暗程度不同时，它们就具备了不同的明度。通常，色彩越浅明度越高。明度不同的两种色彩或者具有类似色相的色彩之间的相对明度是最容易被识别的，但是有时色相不同的色彩之间的明度差异也比较明显，如黄色墙壁的明度显然比其相邻的红色门窗的明度要高得多。

如果在某种色彩中加入无情色彩（黑色、白色、灰色、金色、银色），其明度将发生变化。在一个色彩中加入白色时就能产生与其相应的浅色，这个浅色由于更接近白色，比其相对应的本色要亮一些，而在一个色彩中加入黑色也就能得到相应的暗色。例如，在一个红色中，加入白色可以得到粉色，加入黑色则可以得到褐色，由此可以看到：粉色的明度比红色的明度高，褐色的明度比红色的明度低。在一个色彩中加入不同数量的白色和黑色可以呈现无数明度更高或更低的色彩。

当使用不同的手绘材料时，调整明度的方法也不同。本书的手绘作品均使用水彩绘制，主要以加水或者使用白色颜料的方法来使其色彩明度升高。对于其他手绘材料如水粉油画，只能采用加入白色颜料的方法。

不同色相的明度。对于色相和纯度差别较大而明度相近的色彩，判断其明暗是有一定难度的。色彩越纯净，人眼对其明度的感知就越接近该色彩本身所固有的明度值。明度测量方法的难点在于区分明度相近的高纯度色彩之间的差异，因为人眼很容易受到色相对比的潜在影响，从而会以完全饱和状态的色彩之间的对比关系作为前提，做出某些不正确的假设前提。例如，在完全饱和状态下，紫色比橙色的明度低，所以人眼就容易做出某种特定紫色比某种特定橙色明度低的判断，但是实际上，如果在紫色中加入白色而得到淡紫色，在橙色中加入黑色而得到褐色，那么实际上淡紫色的明度比褐色的明度更高一些。

又如，当对紫红色和黄绿色进行明度比较时，虽然其色相差别十分明显，但是很难确定其明度高低。在这一方面，德国色彩理论学家约瑟夫·阿尔伯斯（Josef Albers）提出了一个简易方法来确定两种色彩之间的相对明度差异。方法如图 2-1 所示：将一个色彩覆盖在另一个色彩之上并使两者部分重叠，然后人眼凝视上部色彩数分钟，接着把上部色彩移开，而人眼仍然停留在曾经重叠的区域，如果此时重叠区域看起来比下部色彩浅，则说明上部色彩的明度较低；反之，如果重叠区域看起来更暗，则说明上部色彩明度较高。

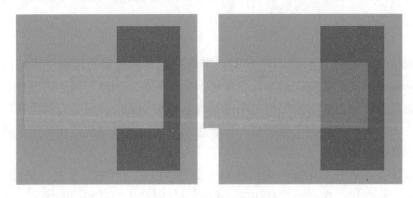

图2-1　重叠样本技术

三、纯度

纯度是指色彩中所含色相的多少，或者是其色相的饱和程度。为了降低色彩的纯度，可以在色彩中加入与其明度相同的灰色或者与其相对应的补色。以色彩的中性纯度为参照物，通常用色彩浓度这一名词来表述色彩纯度的相对值。色彩浓度越高，该色彩越接近纯色。同样，当降低色彩浓度时，就意味着降低了色彩的纯度。

纯度的同义词是色彩饱和度。色彩饱和度越高，则其纯度越高，或者说其浓度越高。调整色彩饱和度就是指改变色彩的纯度。此外，色彩饱和度也用于描述色相的特征数值。

四、亮度

亮度的高低与两个因素有关：明度和纯度。提高明度或纯度都会提高亮度，使色彩更强烈、更明亮、更鲜明。亮度高的色彩最容易吸引人的视觉注意力，所以如果某个色彩越希望得到重视，其亮度也要越高。

在图2-2中，最左边这一列是一组色彩；与该列相比，第二列的明度保持不变，纯度提高；第三列的纯度保持不变，明度提高；第四列的明度和纯度都提高了。在这四列中，第四列的色彩亮度最高。

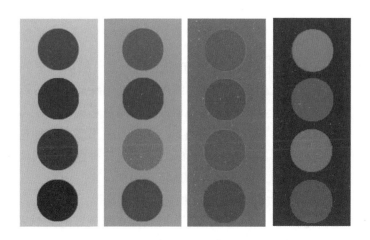

图 2-2　亮度对比

　　当两种不同色彩进行比较时，最先引起注意的就是两者之中纯度较高或者明度最高的一种色彩。如果两种色彩的明度相同，纯度越高的色彩越能吸引人们的注意力。如果两种色彩的纯度相同，明度较高的色彩更具吸引力。例如，纯黄色的明度比纯蓝色更高，所以这两者在进行色彩对比时，纯黄色更为显眼，如果降低纯黄色的纯度而得到中性黄色，对比结果将会发生变化，因为纯蓝色的纯度比中性黄色纯度更高，所以纯蓝色更为显眼。

第二节　色彩的形象化

　　通常，色彩的各种表征都不是在具体的空间场景下，而是在特定的实验条件下对照色彩样本来确定的。所以，一旦涉及具体的建筑环境，如在实地写生一组建筑时，如何确定色彩是比较困难的，往往不能把关于色彩和谐这种感觉具体化，个体差异会促进或者阻碍人眼在特定场合（如写生现场）下预测画面最终呈现色彩的能力。人眼在色彩记忆和色弱方面的差异决定了个体对色彩的不同感受。人们通常都会受到色彩记忆的影响，这种影响对色彩感知的阻碍作用是可以预测的，但是色弱会存在随机性和偶然性，而且其影响不容易被预测。

一、色彩记忆

如前所述，人眼具有识别千万种色彩的能力，一般从以下三个方面来辨别不同色彩之间的差异：色相、明度和纯度。长期的专业训练可以提高人们对某种色彩的辨别能力，但是很难通过类似方法提高色彩记忆的能力，因为人们精确保存色彩图像的能力是有限的。例如，人们看过很多次某种色彩，也很少能够在头脑中把这种色彩精确地还原出来。即使是这种色彩和其他几个相近的色彩同时呈现在眼前，也未必能够准确地将其识别出来。

色彩记忆能力的缺失会对视觉的形象化造成阻碍，或者把手绘创作变得更复杂。因为人眼识别到某种色彩之后，可能会唤起色彩记忆中某种似是而非的色彩体验，但是事实上很可能两者是截然不同的。由此可见，在进行手绘创作的初期，笔者要根据最终画面预期选择相应的主色调或者主要色彩。为了避免以往的色彩经验对手绘创作时的色彩选择造成负面影响，笔者会通过画色稿小样、电脑样本、彩色照片拼贴等方式建立起明确的色彩规划图像，并产生更清晰的认识和更准确的预期评价。

二、色弱

由于遗传基因、年龄和教育背景的不同，人们对各种色彩的分辨能力各有不同。本书中所说的"色弱"是指在色彩分辨能力上有缺陷的情况。

色弱在全球每个区域的分布比例是不相同的。通常，亚洲大部分地区色弱人口的占比约为5%，北美洲和欧洲大部分地区色弱人口的占比约为8%，南美洲、非洲色弱人口的占比约为2%。造成这种差异的一种解释是各个地区人们对色彩辨识能力的要求不同，从而导致眼睛进化程度的不同。例如，某一个地区人们的辨色能力与生存关系不大，那么该地区人们的辨色能力可能会逐渐退化。另一种解释认为，其原因是各个地区阳光照射条件不同。据相关统计，男性中色弱比例更高，这是由于决定色弱的基因是由 X 染色体所携带的，除非父母双方的 X 染色体都携带这种基因，女性才会因为遗传而导致色弱，否则，该女性只是该基因的携带者。

在现实中不乏存在色弱的手绘创作者，其可以通过一定的训练方式去改善，例如，手绘创作者对蓝色不敏感，如果遇到类似蓝色的冷色调的使用时最好与对此敏感的人合作，并记住这种色调的视觉感受，制作相关色卡并随时与近似的色彩进行对比，反复练习之后即会得到改善。

第三节 色彩模型的研究现状

　　各个时期的色彩研究人员都已经建立各具特色的色彩模型。这些色彩模型能满足各类研究需求，使色彩研究人员能够对色彩进行系统的分类和选择。以此为基础，可以系统地研究其他领域的色彩问题。

　　为了普及相关色彩模型的知识，本书就色相环、色立体和色彩体系三个方面来进行介绍。

一、色相环

　　在过去数百年的色彩学研究过程中，色相环是色彩研究人员所依赖的基本色彩工具。色相环具有两个优势：第一，可以使人们很快找出色彩之间的色相关系，在创作过程中使用色相环可以精确再现色相；第二，可以准确找到色彩与其互补色、对比色、邻近色、类似色等的位置。在色彩学研究过程中，由于各个时期的色彩研究者对色彩了解的程度和角度不同，色相环上各种色相的位置曾经存在一些变化。例如，从科学角度进行研究时，曾将黄色与蓝色放在色相环的相对位置。目前，从艺术学的角度出发，色相环以黄对紫、橙对蓝、红对绿来作为主要互补色关系。在高质量的色相环中，所有与环心距离对等的色相都具有相同的纯度。图 2-3 和图 2-4 是目前常用的色相环。

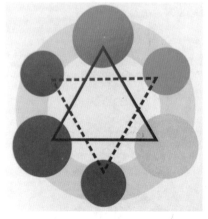

图 2-3 色相环一

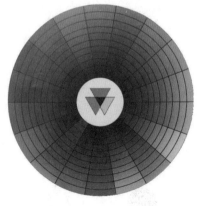

图 2-4 色相环二

二、色立体

色立体是将所有的可见色彩依据其色相、明度和纯度所组成的具有一定规律性的三维立体模型。色立体模型使人们可以参照其属性把每一个色彩从所有其他色彩中直接选择出来，也可以通过确定两种色彩在色立体模型中的具体位置，快速确定其明度和纯度关系。即使它们的纯度不同，也同样可以快速、准确地确定两种色彩之间的色相关系。

在建筑色彩研究领域，色立体明显优于色相环。二维模型的局限性在于只能考虑色彩的一种或者两种属性：或者考虑色相，或者考虑色相和明度，或者考虑明度和纯度。但是，色立体模型可以在同一个对照体系中同时体现色彩的三个基本属性。在过去几百年的色彩学研究历史中，色立体模型不断被完善，大致可以分为两种。一种色立体模型是二维色彩模型的简易三维形式的表现，如色块矩阵（图2-5）。每一种单一色相的色彩都有各自不同的明度和纯度，明度由顶部到底部，逐渐降低，纯度由左至右，逐渐升高。另一种色立体模型相对复杂一些，由德国约翰·海因里希·兰伯特（Johann Heinrich Lambert）创建，各种色彩按规律被安排在平面和断面上，呈现一个三维模型的状态（图2-6）。模型底部是一个三角形，三角形三个顶点上分别是黄色、红色和蓝色，向中心点渐变至暗黑色；由底部向顶点延伸是一系列平行三角形，并且颜色逐步变淡，直至顶点渐变成白色。

图2-5　色块矩阵　　　　图2-6　金字塔型色彩模型

三、色彩体系

目前各行业都在使用自建或者已有的色彩体系，如潘通配色系统（Pantone Matching System）、CIE 体系（Commission International Del'Eclairage）和 Coloroid 体系。这些色彩体系实质上均是色彩研究者所使用的色彩图册，以三维模型为基础，对色彩用文字或者数字进行分类定义，每一个分类定义只对应一种色彩样本，并且均附有每种色彩样本的配色数值，以方便其他人员进行复制。

建立这些色彩体系的优势在于色彩表达的精确性。在同一个色彩体系中，色彩研究者只要提供确定的数字代码，就可以以此为基础对色彩之间的细微差异进行定量分析并达成专业共识和合作。这些数字代码可以控制色彩的色相、纯度和明度范围，把色彩三个基本属性与现有的数字代码进行对照，不仅可以产生新的色彩，还可以建立新色彩的数字代码，然后把新色彩的数字代码加入已有的色彩体系中，如果有需求，还可以建立新的色彩公差，如某个色彩已经褪色，或者即将褪色，色彩体系可以定量地对这种褪色变化进行描述、数值保存和共享。

20 世纪初，德国的佛雷德利希·威廉·奥斯特瓦尔德和美国的阿尔伯特·孟塞尔分别创立了较为完善的色彩模型，并用色彩参照图册真实地记录了新研究成果。下面将对这两个色彩模型的特点和优势进行介绍。

一是奥斯特瓦尔德模型（图 2-7）。奥斯特瓦尔德根据已知的可定量描述的六种基本色彩（黑色、白色、黄色、红色、蓝色和绿色）来生成预期的色彩。通过系统化方法，他认为可以根据彩色、黑白色的含量来确定任何一种色彩。

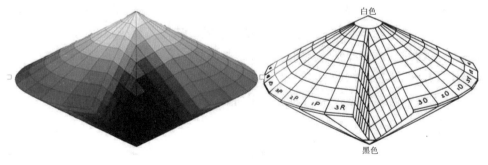

图 2-7　奥斯特瓦尔德模型

因为奥斯特瓦尔德使用了四种基本色彩（黄色、红色、蓝色和绿色），所以他的色相环与大多数色相环相比，多了一些绿色的含量，少了一些红色的含量。他最后使用的八种色彩（黄色、橙色、红色、紫色、蓝色、青色、绿色和黄绿色）都按照一定规律进行了相应位置的排序。其色立体的中轴线上设立了八种不同的灰色调，顶部为白色，底部为黑色，各个色的比例为：纯色 + 白 + 黑 =100%。

奥斯特瓦尔德模型的优势在于其便捷性，可以快速查询到和谐的色彩搭配模式。因为其理论有一条始终贯彻的原则：色彩是由其中所含的彩色量、白色量和黑色量的百分比所决定的，只要保证其中一项百分比的一致性，那么就可以快速查询到能够与之和谐的其他色彩。

二十四色相的奥斯特瓦尔德模型是由两个三维锥体组成的，像一个双顶点的陀螺。纯度最高的色彩都分布在模型的最外侧边缘或者赤道圆部位。处于模型的每个水平方向的色相环都具有一致的明度，位于赤道圆上方的是均匀变化的明度较高的浅色系列，直至顶点变为明度最高的白色；位于赤道圆下方的是均匀变化的明度较低的深色系列，直至底部为明度最低的黑色。模型的垂直剖面是钻石形，垂直中轴线的左边色彩与右边色彩是补色关系，位于相同高度的色彩具有相同的白色和黑色色量，而相对于轴线和赤道圆周处于相同位置上的色彩则具有相同的纯度。

奥斯特瓦尔德模型有其自身的不足：为了保证形体的一致性，所有饱和色相的色彩尽管明度可能不同，但也不得不处于相同的水平位置。这种不足导致一些偏深的色相在模型上部分的明度变化节奏明显偏快，而其下部分的明度变化节奏又偏慢。偏浅的色相在模型中的变化情况则正好相反。

二是孟塞尔模型（图 2-8）。孟塞尔模型是另一个系统化的"数字 + 字母编码"色彩工具，而且它采用了独特的三维形式，被称为"树形结构"。这种独特的形式基于一种假设：即使是同样的完全饱和的色彩，它们之间的明度也是不同的。孟塞尔模型体现了真正的明度差异，从而实现了色相的对称互补。色彩纯度越高则离中心轴线越远，同时这种纯度的变化是从中心轴线上与其纯色明度相同的灰色开始的，在水平方向上变化至其饱和色相才停止。由于各种色相达到饱和时的纯度并不相同，色相纯度枝的长度并不一致。

图 2-8 孟塞尔模型

孟塞尔模型的优势在于能够保证不同色相的色调变化节奏保持一致，这也导致了从非彩色中心轴线过渡到某一种色相时变化节奏的差异性，如纯红色从非彩色中心轴线过渡到最外缘的饱和状态所需节奏长度更长。

第四节　小结

本章主要介绍了色彩学研究领域的基本色彩知识，包括基本色彩术语、色彩的形象化和色彩模型的研究现状。

基本色彩知识包括色彩的三种基本属性（色相、明度和纯度）和亮度、补色和色温。色彩的形象化方面则着重强调个体差异，因为个体差异会促进或者阻碍人眼在特定场合（如写生现场）下预测画面最终呈现色彩的能力。人眼在色彩记忆和色弱方面的差异决定了个体对色彩的不同感受。色彩模型的研究现状则介绍了色相环、色立体和色彩体系三个方面的内容，并分别就这三个方面的特点、优势和不足进行了详细分析。

基于以上分析可知，在手绘创作中需要一定的色彩学研究基础，并把研究结果结合个人理解，融入后续创作过程中进一步深化。

第三章　色彩和谐量化模型

第一节　建筑手绘角度下的色彩和谐概念

色彩和谐（harmony of color）在绘画艺术中是把具有共同特质的、相互近似的色相进行配置而形成和谐统一的效果。其可分为两类：①相似色的和谐，指把与色相环90度角内相邻接的色相进行配置时，仅改变明度或纯度，使画面达到深浅、浓淡的层次变化，形成画面调和统一的效果；②对比色的和谐，指把色相环120～180度角之间的色相进行配置时，以改变纯度或明度的方法使画面取得协调效果。

现在，笔者以色相环中6个红色系相似色为例，分别做出明度和纯度改变的对比展示（图3-1）。

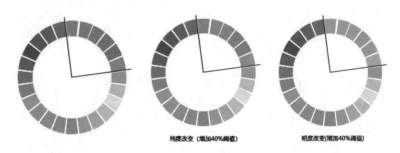

纯度改变（增加40%阈值）　　　明度改变(增加40%阈值)

图 3-1　色相环中相似色的和谐（以红色系为例）

同理，笔者以色相环中180度角红绿对比色为例，分别做出明度和纯度改变的对比展示（图3-2）。

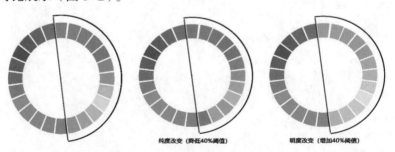

纯度改变（降低40%阈值）　　　明度改变（增加40%阈值)

图 3-2　色相环中对比色的和谐（以红绿对比色为例）

建筑手绘来源于绘画艺术，但表达的是建筑主题，这就要求手绘作品既具备绘画艺术的主观能动性和强烈的个人艺术意识表达性，又能体现建筑本身的客观规律性和四维空间历史发展痕迹。手绘作品的和谐色彩，即是在这个主观能动性和客观规律性的辩证统一过程中取得平衡的。

相似色的和谐和对比色的和谐、主观性与客观性的权衡、手绘作品的和谐色彩概念就是来自以上两方面的合理运用。

第二节　色彩和谐量化模型的设计原理

从建筑手绘艺术的角度来看，本书所指的色彩和谐量化模型建立在两个原则之上：色彩家族因素和色彩秩序原则。

一、色彩家族因素

法国色彩学艺术家让·菲利普·朗科罗提出了"色彩家族"这一概念，是指由同一性要素构成的和谐颜色的颜色组群。因为具有同一性要素属性的颜色构成的色彩搭配更容易显得和谐。在此之前，奥斯瓦尔德已经提出过类似的观点，但局限在色彩变化轴要素的对比规律方面。依据朗科罗的色彩家族理论，笔者认为可以通过色相 H、纯度 S 和明度 L 中至少一个色彩要素，保证每一个颜色的某一个要素完全相同，以此保证画面色彩搭配组合的和谐度（表3-1）。

表3-1　色彩家族理论两类搭配方式

1个色彩要素相同	2个色彩要素相同
H_u、S、L	H_u、S_u、L
H、S_u、L	H_u、S、L_u
H、S、L_u	H、S_u、L_u

依照色彩家族理论，一旦色彩三要素都完全遵循色彩家族属性，即颜色完全相同，画面色彩就会因为没有变化对比而不再是一幅画。因此，在画面色彩组合的各类颜色中，至少有一个色彩要素不相同才能保证画面形成。

在本书中，在色彩家族因素依然成立的前提下，需要注意的是，由于受到建筑群固有色的客观影响，不可能做到完全的、理想化的色相相同、纯度相同或明度相同，所以笔者在完成艺术创作的同时，力求能体现对色彩家族理论的思考和表现。

二、色彩秩序原则

色彩秩序原则是指各类颜色的色彩三要素形成某种秩序的对比，这种秩序可以是等距或不等距的对比。通过含有某种秩序的对比而能达到色彩和谐；与此相反，无序的对比变化会使画面某些色彩突兀或昏暗，从而打破画面色彩的和谐感与节奏感。

因此，作者在画面上运用色彩秩序原则，使每一个颜色都遵循某种秩序，从而建立起具有节奏感的色彩搭配框架。

（一）色相的色彩秩序

色相在色相环范围内有秩序分布，每一个色相梯度都相等或者类似。笔者以色相环中90度角内、180度角内、360度角内的色彩范围为例，分别进行四等分梯度展示。（图3-3）

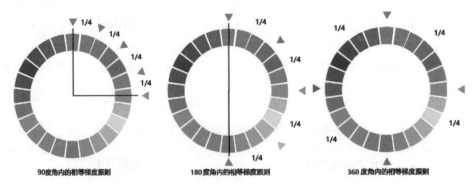

90度角内的相等梯度原则　　180度角内的相等梯度原则　　360度角内的相等梯度原则

图3-3　色彩秩序（色相）的相等梯度原则

同理，笔者以色相环中180度角内的色彩范围为例，分别进行四分类似梯度展示（图3-4）。

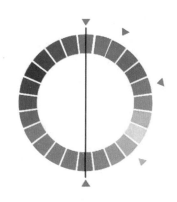

图 3-4　色彩秩序（色相）的类似梯度秩序

（二）纯度和明度的色彩秩序

纯度和明度的色彩秩序也遵循上述色彩秩序原则，总体跨度越大，色彩搭配对比越强烈，整体色彩渐变关系越粗放；反之亦然（图 3-5、图 3-6）。

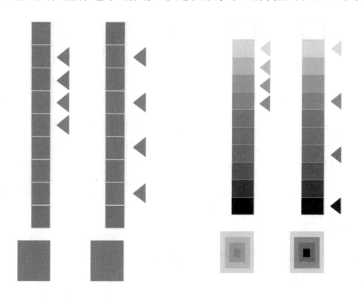

图 3-5　色彩秩序（明度）的梯度原则　　图 3-6　色彩秩序（纯度）的梯度原则

结合色彩家族因素和色彩秩序原则这两个原理，笔者总结出一个建筑手绘色彩和谐量化模型。这个模型可以简化传统色彩理论中的色相和谐原则，使其更易于为大众所理解和运用。

建筑手绘色彩和谐量化模型能够概括本书中几种色彩和谐搭配原则。这个模型可以通过预设颜色套数和色相总体跨度来达到预想画面效果。通常来说，若只有一个色彩要素遵循完全的色彩家族理论，另两个色彩要素遵循色彩秩序原则，则画面的色彩丰富性更强。但是，如果两个色彩要素是相同的，只有剩余一个色彩要素遵循色彩秩序原则，则画面的色彩更显得和谐。对于三个色彩要素都遵循色彩秩序原则而没有遵循色彩家族理论的画面，虽然色彩更丰富，但难以保证整体画面的和谐度。

第三节　材料的使用技巧

建筑手绘色彩和谐量化模型的成功实施，离不开材料的使用技巧。本书中的主要创作材料为水彩颜料和水彩纸。

一、水彩颜料

当对水彩颜料进行混合时，尽量不要超过三种颜料（A、B、C）。颜料混合后产生的色彩（D）通常比初始颜料中亮度更高的那种颜料要稍暗一些，甚至可能比全部初始颜料都要暗得多。所以，作者应具备一定的预测能力和做出相应的判断。如果希望色彩 D 与 A、B、C 的明度距离相等，那么 A、B、C 混合时的含量就不能完全一致，通常使用更多的浅色才能得到真正的中间色调。

每一个品牌的水彩颜料都存在一定的色彩差异，明度调整的方法也是多样的。通常，对于液体颜料，加水稀释不仅可以改变其明度，还可以改变其纯度。对于含矿石成分的固体颜料，除了上述加水的方法，还可以适当加入白色颜料来改变其明度。

在需要降低色彩纯度时，最简单的方法是加入灰色颜料。除此之外，还有更多微妙的调色经验，这里笔者提供三种混合方法来产生灰色：①在任何一个色相中加入其互补色，其结果是该色相会向灰色转变；②用三原色（红色、黄色和蓝色）进行混合也可以产生灰色；③黑色和白色混合之后也可以产生灰色。需要注意的是，这三种方法所用颜料的色相不同，混合后产生的灰色的色相、明度和纯度也不尽相同。

水彩颜料因为具有流动性，其浓度很难控制，尤其是在绘画过程中使用画笔的力度和角度不同会产生飞白和纹理，这些可能会降低色彩本身的色彩三要素状态。此外，手绘创作还存在一定的偶然性，用颜料准确无误地再造现实中某种特定的色彩也很困难，因此笔者认为应建立自己熟悉的颜色矩阵，在颜色矩阵中练习，长时间、高频率地使用这个色彩矩阵，以加大复制色彩的成功概率。

另外，在表现一些特定主题时，可以适当加入水粉颜料，或者酒精马克笔，因为水粉颜料和酒精马克笔中含有稳定性较高的原色，当把这两种绘画工具作为不透明薄层介质来使用时，会产生光滑和几乎不透明的色块，就可以减少飞白和纹理带来的影响，同时能够较好地与水彩颜料相融合。

二、水彩纸

目前，国内市场上的水彩纸性能都很稳定，纸张重量多为 200 克、250 克和 300 克，纹理多为细纹、中细纹和粗纹。如果对色彩变化的细致度要求很高，笔者建议选择光滑纸面，即细纹或者中细纹，因为光滑纸面可以反射更多的光线，光滑纸面上的色彩通常比粗糙纸面上的色彩显得更明亮，色彩变化层次更细腻。当然，笔者并不排斥粗纹，在表现明度低的创作主题时，粗糙纸面有助于表达暗色调，能更好地体现传统建筑的岁月沉淀的感觉，当转动纸张时，粗糙纹理的角度变化可能会引起色彩明度的进一步变化，这对区别同一色相的不同色彩十分有用。

需注意的是，不同品牌的水彩纸本身的色彩是有少许差异的，通常有高白、米白、粉白、浅黄等色彩，这为不同风格的创作主题提供了更多的可能性。在进行创作之前，应多尝试在不同纸张上进行色彩混合练习以作为参考，以便日后选择合适的纸张进而准确地表现出所需的画面色彩。

第四节　小结

本章介绍了一种基于色彩家族理论和色彩秩序原则的建筑手绘色彩和谐量化模型。这个模型源于传统色彩学理论关于和谐色彩规律的研究成果，但是舍弃了一部分传统的色彩设计原理和方法，从量化的角度提出了新的计算方法。基于这个模型的色彩手绘方法更简洁易懂，体现了对画面色彩全局性把控的思考方式。

基于色彩和谐量化模型的建筑手绘色彩与其他色彩表达方式的不同之处，本方法专注于色彩搭配方案的全局整体性，而不是具体到单个颜色或者某个技巧。这种全局控制色彩框架的方法，使从事建筑手绘的专业人员或者正在学习建筑手绘的人群摆脱了对细枝末节的纠结，并避免了因忽略全局而达不到和谐状态的可能性错误。在达到画面色彩和谐目的的情况下，人们可以快速并相对自由地预选符合特定需要的色彩搭配框架。

出于经验补充的目的，本章还涉及材料使用技巧，主要为水彩颜料和水彩纸，不同性质的材料对色彩和谐量化模型的实现有不同的积极或者消极影响，因此也应特别说明。

本书所提出的色彩和谐量化模型对专业人士来说可能具有一定束缚性，他们需要更多的自由以发挥自身对艺术的理解和灵感。但总的来说，全局性色彩和谐调整原则是能够兼顾跨学科、跨语境需求的。下一章是将色彩氛围营造方法作为另一类色彩感性因素的研究，阐述了面积比例、色块聚散度和构图改变三个抽象因素，可视为对本章介绍方法的拓展。

第四章 色彩氛围营造因素

第一节 建筑手绘角度下的色彩氛围营造概念和目标

关于色彩氛围的问题，现有的研究成果主要集中于手绘工具、形象光影、材质肌理、画面主配景等常见方面，鲜有以色彩为研究对象的氛围营造研究。另外，尽管色彩表现领域已经有了许多成果，但大多数成果并不能用于画面氛围营造实践，这主要有以下两个原因：一是个人的色彩偏好不尽相同，针对个人的个性化色彩氛围营造方法的展开依旧是个难题，每个人对色彩氛围都有自己的理解，但都无法梳理清楚其特点；二是目前主流内依然认为色彩主要是解决色彩搭配问题，而不包括氛围营造问题。因此，笔者就色彩氛围营造做出了自己的研究，并认为色彩氛围营造研究的两个关键步骤在于树立氛围营造对建筑手绘的重要性和研究构成色彩氛围的因素维度。这就是本书展开色彩氛围营造因素研究的目标。

氛围营造是一个偏向主观的研究范畴，本章的方法开辟了一条量化分析和研究氛围营造的新研究途径，使色彩氛围营造中的抽象因素变得可具象、可分析、可量化。色彩氛围因素的分析和建立也使色彩研究人员有一个更为直观清晰的认识和把握。

手绘作品画面整体是否和谐是检验色彩氛围营造成功与否的标准。整体和谐不仅意味着对手绘题材和预期效果的理解，还要求绘制各个阶段都要及时地把握空间的关系，尤其是当空间具有历史意义的时候，这一点特别明显。历史文脉与特征会引导、调整或者激发作者进行色彩氛围营造的主动创作，特定历史时期的时代特点和建筑类型则会决定这种影响的程度。"引导"意味着作者要使用某些技巧或者方法；"调整"意味着作者使用的这些技巧或者方法具有一定的限制性（从另一个角度来说也可以是"公认性"）；"激发"则意味着作者的主观性创作意识。

即使当代建筑也要体现整体和谐的要求：建筑自身的和谐、建筑与周边环境的和谐。有时这些建筑甚至尝试着指向城市或者村落的未来发展方向。此时，色彩氛围营造的因素来源于包括笔者在内的现代人的色彩偏好或者美学欣赏水准，这样的手绘作品才能被行业接受。某些特定情况下，可能需要调整建筑本体与手绘技术材料之间的矛盾，而色彩氛围营造就可以做到。这里的关键是，和谐是色彩氛围营造因素的选择标准。

影响色彩氛围营造的因素有很多。例如，有些因素与建筑造型有关，特别是一些具有符号意义的造型，即使这些造型在画面中并不占体量优势，但由于人的视觉习惯和思维惯性，这些造型会被人脑自然强化。然而，这些因素并非本书的主要研究对象，本书只考察纯粹的色彩之间的相互影响关系。笔者认为：排除造型的具体形状和符号性意义，各类颜色的面积比例、色块聚散度和构图改变是影响色彩氛围营造的三个主要因素。这三个因素并非独立存在，而是相互影响、共同营造色彩氛围。但是为了文理表述清晰，本章将分别对这三个因素进行阐述和梳理。

第二节　色彩氛围营造的三个因素

一、面积比例

所有色彩都具备一定的自身力量或者吸引人们注意力的特点。根据纯度和明度的不同，每种色彩所表现的这种力量的大小都不尽相同。例如，对于完全饱和（即纯度最高）状态下的两种色彩，明度更高的那种显得更有力量，或者更容易吸引人们的注意力。同样，如果两种色彩明度相同，则纯度更高的将会显得更有力量，或者更容易吸引人们的注意力。但是在手绘创作中，占较大比例的不一定是饱和色彩，除了明度和纯度之外，还应特别研究色彩之间的面积比例。改变色彩的具体面积可以突出不同色彩视觉力量的差异性，以产生强烈或微妙的色彩对比关系。

手绘画面中各类色彩所占的面积比例是影响整体画面色彩效果的重要因素。其中，占有画面较大面积的色彩具有更重要的地位，并且对整体画面色彩氛围更具影响力；同理，所占面积较小的色彩则显得相对无足轻重。笔者把整体画幅面积设定为 1，建筑和重要景观的固有色为最大面积色彩，控制在 0.5～0.8。河流、人、车等配景色彩通常是最小面积色彩，为画面氛围的点缀之色，控制在 0.1 左右。中间其他刻度的色彩按均匀过渡排列，呈现有序刻度对比。

为了保证画面中所有色彩在手绘画面构成上的总体平衡，必须使用一些范围较小却力量较强的色彩，通常是暗色调色彩。经过面积比例的调整，各种色彩得到了整体画面的均衡，也就达到了色彩和谐状态。

二、色块聚散度

各类色彩所形成的色块（即类似色或同类色的组合）的聚散度在氛围营造关系中扮演着关键角色。各种色彩的不同程度的聚散度所产生的效果是不同的，某些色块聚散度对比的效果图十分强烈，而有些色块聚散度对比十分微妙，需要在下笔之前反复酝酿。通常，那些集中在画面中轴线及其周边组成密集形状的色块是该手绘作品要强调的色彩，这个区域也往往是该手绘作品重点表达的内容或者画面中心。一个分散在画面各部分的色块常常会被其他色块分割，而成为主题图形的背景色或搭配色。因此，色块的聚散度决定了该色彩在手绘作品中的图底关系。一般来说，色块聚散度由主题图形（如建筑）和色块的形状（如色块收口方式）决定，图形的具象形状对色块聚散度还是存在很明显的决定性作用。

为了更好地区分色块聚散度，笔者将色块聚散度大致分为三类：容易被感受的强烈对比；某种特定主题的弱色彩对比；具有主观挑战意识的综合对比。

（一）强烈对比

强烈对比分为明度对比和色相对比，最常见的强烈对比形式是明度对比。明度对比包括明暗色彩共同出现在画面时双方的相互影响。例如，黑色与白色等无情色彩的各种明暗色调与某些色彩或者某一色相的色彩相邻，就可以产生这种对比效果。如果想进一步增强对比效果，可以把最亮和最暗的色彩安排得更密集。明度对比的效果强烈而且很容易被理解，所以是手绘创作中被应用最广泛的一种对比方法。

黑白对比是最强烈的色彩对比，是一种使用色彩数量最少而效果最强烈的极端性色彩对比实例。黑白对比最强烈是因为黑色与白色对视网膜的作用完全相反，白色使视网膜兴奋，而黑色作用相反。当两种色彩同时出现在画面中时，人眼会同时做出反应，瞳孔不得不快速膨胀和收缩。白色图像会在人眼中留下相应的刺激，这时的视觉余像是偏暗的；而黑色图像的视觉余像是偏亮的。

色相对比则是另一种形式。色相对比的强烈程度与画面中各类色彩之间区分程度成正比。通常画面中的各类色彩要有三至四种，甚至更多。如果选用的色彩之间没有互补关系，那么它们在色相环上相距越远，对比效果越强烈。某些色彩在画面中可能占据了大部分面积，这样就可以突出主色调，其他色彩则成为从色调。有些画面的色块聚散度安排得更微妙，通过保持各类色块之间的画面平衡达到一种强烈的和谐感。另外一种调整色相对比的方法是用黑色与白色做背景烘托，白色可以使其他色彩显得更加细腻，而黑色会使其他色彩显得更加明亮。根据所选色彩不同，这两种方法都可以增加色相对比的效果。

（二）弱色彩对比

如果需要表达温和效果的主题，弱对比则更为合适，其用色较为保守，对比效果依然清晰明白，但辨认色块困难得多。作者将弱色彩对比分为三个方面：色温对比、补色对比和纯度对比。

1. 色温对比

色温对比是指同时使用冷色调和暖色调产生的色块对比，也称冷暖对比。建筑手绘主题常见的冷色调包括蓝色系列、绿色系列、蓝绿系列和蓝紫系列，蓝绿系列和偏紫系列的冷暖取决于色相环相邻色的色温；暖色调包括黄色系列、黄橙系列、橙色系列和红色系列。蓝色系列与橙色系列是色温的两个极端，色温对比最强烈，色块越靠近这两个系列，会逐渐变得更冷或者更暖。当可以选择的色相数量有限时，色温对比是最有效的表现方式。如果能使色温色块保持类似的明度，弱色彩对比效果则更为理想。与强烈对比中的色相对比一样，增加色块的纯度可以强化色温对比的效果。

2. 补色对比

当使用两种互补关系的色彩时，就形成了补色对比，本质上依然是两种色相完全相反的色彩之间的色相对比。由于补色本身是一种特殊的平衡关系，补色对比往往能使画面更加生动，而且比其他的色相对比更容易被人眼感知，这也就使补色对比在手绘创作中的应用非常普遍。各个补色色彩的纯度越高、所占面积越大，对比效果就越强烈，特别是当两种补色色彩直接相邻时，其画面视觉冲击力尤为强烈。如果同时使用不同的纯度和明度，则可以增加补色对比的深度和复杂性。需要注意的是，虽然每一个色相都只有一个互补色，但是无情色彩可以与浅色调或者暗色调都构成类似互补色的关系。

3. 纯度对比

纯度对比是指某种色彩的色相各种浓度色彩的运用。通常，水彩色彩的纯度对比依赖对色彩饱和度控制的能力，有两种实现方法：一是通过加减水量；二是加入粉质的无情色彩颜料，如黑色或者白色，如果希望改变纯度而保持明度不变，那么加入适当的相同明度的灰色颜料即可。在手绘创作过程中，纯度对比通常与其他形式的对比同时使用，使视线从背景（通常占据画面的大面积）逐步吸引到前景或者中心部分，或者产生刻意的相反效果。尤其是在使用中纹或者中粗纹水彩纸时，纸面纹理会导致画面最终的细微纯度对比。这些微妙的纯度对比不仅不会改变人们对建筑细节表现的关注，反而更加强调这些细节，使画面更具秩序感。

（三）综合对比

综合对比基于人的生理或者主观意识，因为这种对比难以运用并往往发生在观众无意识的时候。因为要理解这种对比，必须体验视网膜残留影像所产生的效果。通常，色彩刺激力度越大，所需的色彩实施能力越高。当使用强烈的色彩时，视网膜会对这种对比产生反应，即本能地寻求一种对立互补的平衡来缓冲这种对比。色彩在完全饱和的状态下可以产生这种效果，如高纯度的红色或者黄色。此外，色彩在极端明度条件下也能产生类似的效果，如白色和黑色。人眼在寻求缓冲对比所带来的刺激时，通常会影响人们对邻近色的感知，并引起两种对比——同时对比和连续对比。

1. 同时对比

同时对比是指同时发生的对比，是在一种强烈色彩影响另一种色彩时发生的，属于人眼的生理反应所产生的结果。当画面不止一种强烈色彩同时出现时，这种同时对比会对画面中所有的色彩都产生影响。在这种强烈的视觉刺激下，人眼会以补色的形式来寻求平衡，而对于极端明度时的色彩反应则是寻求与其相反的明度的形式，当这种期望出现某种色彩而实际上未出现在画面时，人眼会自发地产生余像（即残留影像），如果这种余像是补色关系，该色彩的色相就会发生变化。例如，一块中灰度的纯灰色彩被一些暖色块包围，它呈现一种偏向于暖色互补的冷色的灰色状态；而当同样的一块纯灰色彩被一种明度更低的色块包围时，它会呈现一种比本身更浅的灰色。但是，如果两种强烈的色彩在画面中紧密相邻时，通常它们会立即相互产生影响。

同时对比的加强效果可以通过三个方法获得：强烈色彩的相对比例；强烈色彩的纯度；色块边缘的边界数量。因为大面积色彩比小面积色彩更容易引起同时对比；纯度越高就意味着人眼视锥的工作强度越大；同时对比的影响主要沿着色彩相邻的边界发生，即越多、越复杂的色彩边缘边界意味着有更多的影响。

2. 连续对比

连续对比的产生原因类似于同时对比，但不同之处在于连续对比是由于眼睛的运动而产生的，是要经过一段时间以后才产生的。例如，当人们在欣赏一幅面积很大的画时，人眼在相邻色彩表面滑过就会发生连续对比。与同时对比一样，在明度和纯度都处于极端状态时，画面中各种色彩最容易产生连续对比。在这个过程中，人眼首先会适应一种色彩，而这种适应会影响到人们对接下来出现的其他色彩的感知，这种影响就是产生与其色彩互补的余像。当人们注视着一种强烈色彩之后马上看另一种色彩或色块，就会发现后者受到了前者的影响。连续对比通常会在人的视觉上造成色相、明度或色温的改变。

三、构图改变

构图改变是色彩氛围营造三个因素中最能体现作者在主观意识与手绘主题客观形态之间平衡能力的因素。在建筑手绘作品中，建筑的主体地位不可动摇，树林、天空、云彩、水流、人、车等配景都是为建筑主景服务的。但在实际场景中，上述配景往往会在面积、色彩、肌理等方面超过主景，从而影响建筑手绘的氛围塑造。因此，在开始上色之前，作者需要就此做出重点考虑，并做出构图改变。

（一）构图改变的基本原则

（1）竖向轴线构图。重点建筑（群）的位置在画面中心轴线附近，左右不超过画面左右边缘约 1/4 幅度（图 4-1）。

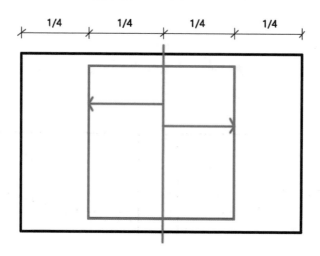

图 4-1　建筑（群）的位置示意

（2）横向轴线构图。重点建筑（群）的位置在画面 2/3 横向轴线附近，上下不超过画面上下边缘 1/5 幅度（图 4-2）。

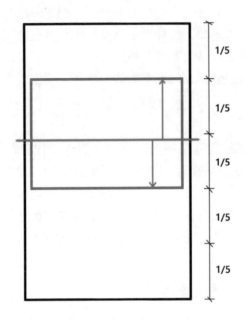

图 4-2　建筑（群）的位置示意

（3）弧线构图。当画面中的建筑整体天际线呈现由左上朝右下滑落的弧线状态时，重点建筑（群）的位置在此条弧线的左 1/3 附近。反之，当画面中的建筑整体天际线呈现由右上朝左下滑落的弧线状态时，重点建筑（群）的位置在此条弧线的右 1/3 附近（图 4-3）。

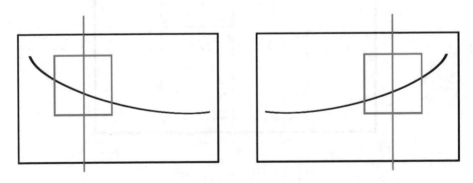

图 4-3　建筑（群）的位置示意

（二）控制构图的技巧

1. 如果想体现比实际更强烈的对比，而且对比强烈的色彩都有共同边界的可能性时，就要在重点建筑（群）紧邻的地方布置大量的对其有影响力的色彩。这种色彩或者色块在形体上靠得越紧，其对比力量就越强，画面冲突感（或者张力）越强。

2. 如果两种不同色相之间的拼接表面（边界区域）的面积越大，则色彩或者色块的对比越强烈。两种色彩或者色块的一系列小面积对比要远远比两大色彩或者色块的对比更加有效，因为它们拼接表面上存在更多的边界。如果色彩或者色块之间的面积较大，或者在它们之间插入另一种色彩，那么色彩对比就会减弱。在这方面，无情色彩的弱化边界效果最佳。

3. 重点建筑（群）本身色彩浓烈，可以适当减少其周边浓烈色彩或者色块的面积，或者把这种色彩或色块调整到画面四周。

4. 如果重点建筑（群）的色彩明度很低，并且在画面轴线附近，其周边色彩应相对提亮，若实在无法提亮，则可以把周边色彩适当调整到画面四周。反之亦然。

5. 实际中的重点建筑（群）和次要建筑群相隔很近，并且纯度水平相近，它们两者将会互相影响。要想使这种影响减到最小，就要适当拉开它们两者的水平距离（横向轴线构图）或者垂直距离（竖向轴线构图）。

在手绘创作中，上述每一个控制构图的技巧都可以运用，通常可以将这些技巧彼此结合起来运用以形成更为复杂的色彩氛围营造效果。当混合运用这几种技巧时，通常有一种技巧会最为突出而自然地在画面中呈现出来。

第三节 小结

本章通过分析建筑手绘角度下的色彩氛围营造概念和目标，为建筑手绘色彩氛围营造的三个因素量化标尺，建立起一个建筑手绘色彩和谐量化模型。

该模型的建立为理解和分析建筑手绘色彩的氛围因素提出了一个新方法。在排除建筑自身造型的影响因素的前提下，该方法为建筑手绘色彩氛围提出了一种相对独立的量化尺度。色彩氛围的特征和各类色彩的组合关系可以通过本方法得出相对的量化数据和分析对比。

在该模型的基础上，进一步的研究与手绘实践方法随之展开，从后续章节中的十六幅作品来看，均已较好地体现本章内容。

第五章　色彩个性

目前，人们普遍存在一个错误的认知：色彩是人的主观反应，并且应该是不可预知的。然而，事实并非如此，人们对每一个色彩的反应来自可控制的因素，如色彩的对比和构图分布、色彩的纯度和明度或者色块聚散度。也可以通过虽不能控制但可以预知的反应，如基于长期存在的传统而建立的生理反应或者联想，也就是色彩心理学或者色彩符号理论。这些学说或者理论的区别在于色彩的心理反应和色彩的象征意义。此时，色彩就变成了一种象征，具有独属的个性。

强烈的色彩联想通常是与色彩心理学理论相吻合的，单个色彩在不同地域文化中往往有不同的含义，人们在感受不同色彩时，某些特定的联想会占据上风，其他联想则不是很明显或者随机性很强。但是在建筑手绘方面，色彩联想具有一定普遍意义上的一致性，最通用的色彩使用方法就成为手绘中普遍认可的色彩符号理论。

本章要对中国传统文化中最普遍的色彩联想做一个简单介绍。这些色彩联想是人们在社会交往中学到或者是人类所固有的，具有一种文化性的色彩背景，而且这种背景已经得到大多数人的认可。手绘过程中不能控制的色彩反应都是色彩联想的结果，它们似乎自然而然地就进入了人们的头脑之中。每一个色彩被独立观察时都给人以独立的印象和明确的联想，但是每一个色彩融入色块中时，都会产生微妙的转变，因为它们需要与色块中其他色彩保持前后一致，以形成画面和谐感。

第一节　色彩的特性

每一个色彩都体现出与其他色彩完全不同的特性，每一个色块的不同色相也会产生不同的色彩联想。接下来，本节在色彩联想角度下对饱和状态的色彩进行比较。

一、红色

红色是可见光之中波长最长、频率最短的色彩。在已知的电磁波的波长数值图标中，红色的位置非常靠近红外线，实际上红外线是一种产生热量的电磁波。所以，红色和热量、能量之间存在着与生俱来的固定关系。

通常，红色被认为是最具视觉影响力的色彩，其中的主要原因是它具有引起刺激和兴奋的能力，在合适的手绘主题中，它总是能够压倒其他色彩，占据视觉主要区域，强有力地抓住人们的注意力。它具有刺激人们行为的能力，这些行为包括兴奋、激动、勇气、冲动、愤怒和仇恨等情感体验。同时，它可以刺激人们的味蕾和嗅觉，增进食欲。费伯·比伦（Faber Birren）提出：所有这一切特性产生的原因在于，看到红色时人们的心率会本能地加速，而心率加速又促进肾上腺素被释放到血液之中，造成血压升高并刺激神经，这都属于人们对红色的生理反应，并且这种生理反应在后天的学习中不断被加强。

红色的社会性用途就来自上述特性。红色通常使人联想到激进、热情等情绪，并且常被使用在权力中心所在的建筑中，例如：中国北京的故宫、民间的宗祠等。除此外，有时候红色会被认为是一种男性主导的符号色，但是只要适当降低明度（如把红色改为粉红色）或者降低纯度（如把红色改为红褐色），就会产生雅致细腻的主观感受，并体现出女性符号色的倾向，所以低明度和低纯度的红色常见于女性休闲空间、幼儿园、公园等。

二、橙色

在最长波长到最短波长的色光排列顺序中，橙色是第二种可见光。橙色既有一些红色的特性，也有一些黄色的特性。与红色一样，橙色在其完全饱和状态下使人呈现一种刺激性状态，是使人激动和兴奋的，并且几乎明亮得发光。同时，它可以增进人的食欲和激发人的积极行为。与红色所激发的愤怒情绪和权力意义不同，橙色所激发的活力是以快乐为特性的。肯尼斯·费尔曼（Kenneth Fehrman）解释，这是因为橙色能导致人体脉搏加快而不是血压升高。

人们通常把橙色与火焰、阳光联系在一起，特别是日暮时分的天空。完全饱和状态下的橙色通常用在为大众服务的建筑上，如现代商业建筑、商业住房或者公园等。如果想在高端小众场合体现橙色，可以适当降低橙色的纯度。

三、黄色

在三种原色和三种间色中，黄色是明度最高、亮度最高的。事实上，黄色系色彩有许多明度较低的色彩，但是由于其往往带有绿色倾向而不被注意。就视觉吸引力而言，黄色是让人视觉反应最快的色彩，并且无论其纯度高低都依然能保持这种特性。

黄色明艳轻快，是一种能够鼓舞人心的色彩。人们认为黄色是与温暖、快乐、亲切相关并能对人产生积极影响的色彩，进而能够使人呈现希望、乐观、睿智、开悟等状态。但是，如果在不恰当的环境下使用完全饱和状态的黄色，则会显得刺眼和自我。

在社会意义方面，黄色意味着黄金、财富、荣耀和权势。因此，黄色经常出现在具有鼓舞性的手绘主题中，如宫殿、武神祠和学校等。但是，在以老年人为主题的空间中要慎用黄色，因为在老年人眼中所有色彩已经有昏黄色倾向。在传统建筑题材中，黄色会以低纯度、低明度的状态出现，并且由于环境色的原因，这些黄色存在偏蓝或者偏绿的色彩倾向。

四、绿色

通常，绿色是一种最能使人放松的色彩，因为绿色会直接落在视网膜焦点上，既不会向前也不会后退。绿色给人以宁静、和平、放松和希望的感觉，它是清新自然的，能够增强平衡感和稳定感。在大自然这种题材中，绿色的出现通常意味着春天到来和生命本身。同时，绿色是一种冷色调，所以通常与水体、潮湿以及清晰的投影联系在一起。这些特性使它成为平衡画面的最佳色彩。

在社会意义方面，绿色代表着自然、可靠和健康。例如，在很多健康食品和生产环境安全可靠的产品中都经常使用绿色的包装设计。在手绘主题中，绿色按照建筑类型的不同而有不同的运用方法。在学校、幼儿园和商业建筑中，浅绿色显得非常适宜；在商业建筑、休息空间、小型公共空间中，会经常出现明度低的绿色。

五、蓝色

蓝色给人以镇静、安定、安慰、清洁等感觉，甚至能够表达顺从和思虑。蓝色可以适当降低人体血压、减缓脉搏或者降低体温，也经常暗示着湿润和清洁。蓝色经常出现在天空、水体和医疗空间等主题中，在某些悲伤、孤独和寒冷地区的主题中也可以运用低纯度或者高明度的蓝色。

在社会意义方面，蓝色体现一种中性的特性，通常用在尊贵、独立的主题中，如竞赛中常用的蓝色丝带、西方的蓝调音乐等。高明度的蓝色是一种能激发幻想的色彩，如浅蓝色，它使人平静的能力使它特别适合应用在医疗建筑、休闲村落等主题中。

六、紫色

紫色在可见光之中波长最短、频率（能量速率）最高，紫色在电磁能的波段范围内处于靠近紫外线和 X 射线的位置。紫色本身非常特殊，由刺激性的红色和平静的蓝色混合而成，通常被定义为一种包括多种含义的复杂色彩。它并不像前五种色彩那样直白，它能够表达一种深奥的情感。紫色给人以威严、高贵、王权、华丽、神秘、怀旧等感觉。但是，不同明度的紫色存在一定的差异性，如低明度的紫色给人以孤独、寂寞和哀伤的感觉，高明度的紫色则给人以情绪高昂、温和柔软的感觉。紫色的敏感度在于：它既可能是充满快乐的又可能是阴沉压抑的，既可能是激情外向的又可能是黑暗内敛的。

在社会意义方面，古代的生产力低下，紫色染料生产非常不易，这使紫色成为体现穿着者高贵身份的象征。例如，在西方历史上紫色是牧师所穿衣服的颜色，所以这种色彩就成了神职人员的象征。在中国也存在着同样的象征意义，如皇族成员经常穿着紫色的衣饰。在手绘主题里，高明度和低明度的紫色经常会穿插出现在高端商业建筑和城市规划中。另外，在主要为女性人群服务的建筑中也经常能看到紫色。

第二节　无情色彩的特性

由于无情色彩（白色、黑色、灰色、金色和银色）具有持久永恒的特性，在画面中经常能够看到它们。在许多手绘作品中，无情色彩都被认为是很经典的用色范例。这意味着人们对无情色彩的情感反应较之对明度相似色彩的情感反应要一致得多。本书中的手绘作品都是使用水彩颜料，而水彩颜色中极少有金、银两色，因此本节主要就白色、黑色和灰色进行阐述。

一、白色

在色光中，白色是所有色光的混合色。在水彩颜料中，白色是缺乏任何色相并且是所有颜料里明度最高的。白色体现的是清洁、纯洁和内敛的特性，因此白色多用在画面的背景色中，同时当白色被其他色彩包围的时候，它所受到的影响最大。因为白色表面反射的光线最多，人眼能够很容易、很清楚地看见它所反射的光，因此人眼对白色中并存的每一点细小差别都可以很灵敏地察觉出来。

在社会意义方面，白色有许多象征性的联想，有时这些联想甚至是矛盾的。例如，白色既可以代表失败（投降的白旗），又可以代表和平（飞翔的白鸽）。在西方，白色代表圣洁的婚纱；在东方，白色是丧服的颜色。在手绘主题中，白色经常与医疗建筑、宗教建筑、餐饮建筑等联系在一起；在商业建筑中，白色通常出现在人们的通行空间，而不是休息空间中；在室外空间，如在村落、城市等题材里，白色经常被用来表现天空、水体高光或者某些留白意义的区域。

二、黑色

从色光的加色混合角度看，黑色是因为缺乏光线造成的；就水彩颜料的混合而言，黑色是最深和混合次数最多的色彩。人们对于黑色的反应通常是稳定和消极的，它代表黑暗、夜晚、死亡和神秘等感觉。在水彩纸张方面，黑色使得中粗纹水彩纸纹理更为明显，因为粗糙的黑色表面反射的光线很少，而光滑的黑色表面则反射率较高。

在社会意义方面，有许多与黑色相联系的色彩联想。例如，黑色意味着空间的虚空、重量和稳定，同时暗示着尊贵、优雅和权力，在现代社会中黑色往往是时尚和奢侈的象征。在手绘中，任何加入黑色的形象都会比其他色彩的形象看上去更重、更远一些，这使黑色不可能用来表现轻盈和明亮的形象，但是黑色或者加入黑色的色彩往往可以表现在明亮色彩（如白色、黄色、绿色）的周边，以使后者看起来更为纯粹和明亮。

三、灰色

目前，所有色彩之中最为中性的色彩就是灰色。灰色非常低调，最初看起来似乎没有明确的含义和轮廓边界，通常容易被相邻色彩影响，呈现一种或者多种相邻色彩的性格特征。灰色不会引起余像（残留影像），这使它成为人眼成像过程中最容易处理和最不容易出错的色彩。灰色是保守、安静、平和和沉着的，甚至会给人消极、无生气、单调的感觉。灰色经常出现在传统建筑手绘题材中，并有助于整体画面的和谐。

在社会意义方面，灰色意味着阴影、商业、工业和平衡感。低明度的灰色意味着缺乏明显差异，因为它既不黑也不白，缺乏黑色的力量感和白色的轻盈感。灰色通常被用来填充黑色所带来的虚空空间，或者调和饱和状态下的各种色彩。在手绘主题方面，灰色经常出现在现代工业建筑、医疗建筑和文化建筑上。

第三节 小结

本章通过分析色彩个性和相关的色彩联想、色彩和无情色彩的特性，建立起一种适用于建筑手绘主题的色彩理解方式。

该理论的阐述为理解和分析建筑手绘色彩提出了更为广阔的理解层面。在确定实际建筑和周边空间事物色彩的前提下，该理论为建筑手绘色彩氛围的营造提供了一个更容易被社会大众理解的角度。

在该理论的基础上，建筑手绘的色彩与色彩心理学或者色彩符号理论结合得更加紧密，以期将来做出更多的相关研究。

第六章 个案研究：广西壮族自治区上林县磨庄民居群

（a）

（b）

图6-1 磨庄民居群

第一节　建筑色彩和整体概析

一、建筑色彩分析

磨庄作为防卫型文化的重要物质载体，蕴含着弥足珍贵的历史文化信息。磨庄明清民居群历史建筑遗存，是研究汉族与壮族传统建筑色彩风貌的重要实物样本。本书参考《磨氏上林宗支谱》中规定的建筑等级，将磨庄现存传统建筑划分为民居建筑和公共建筑两个单元。

磨庄现存传统建筑的色彩风貌主要体现在建筑屋顶、柱和墙身部位，整体色彩和谐统一，呈暖色的色彩倾向。①建筑群体的主色为红色（R）系；明度值分布在 1～4，属于高、中高明度区段，呈现弱对比；纯度值集中在 1～9，属于全跨度纯度区段，呈现强对比。②民居建筑的主色为红色（R）系和无纯度灰色（N）系，明度值分布在 4～6，属于高、中高明度区段，呈现弱对比；纯度值分布在 1～9，呈现强对比。③公共建筑的主色为蓝色（B）系和绿色（G）系；明度值分布在 7～9，属于低明度区段；纯度值分布在 5～9，属于中、低纯度区段，呈现中对比（表6-1）。

表6-1　磨庄民居群色彩分析

	冷暖倾向	色系	明度		纯度	
建筑群体	暖色	R	弱对比	4～6	强对比	1～9
民居建筑	暖色	R、N	弱对比	4～6	强对比	1～9
公共建筑	中性	B、G	弱对比	7～9	中对比	5～9

二、整体概析

广西壮族自治区地处我国岭南边陲地区，从先秦时代开始就有我国北方和中原地区的人民迁居于此。广西地区民系族群不是一朝一夕形成的，虽然都是汉族，具有汉族的共性，但是岭南边陲地区人口构成的复杂历史社会因素、人文习俗、自然环境条件的差异，都会给迁居于此的汉族带来不同程度的影响，从而形成了广西不同的居住模式和特色。南宁、柳州、桂林、梧州、北海、钦州都是汉族居住较为集中的地方。历史上，汉族因迁居移民总体力量偏小，在长途跋涉、政治经济压力之下，几乎完全学习采取当地壮族的模式，与当地壮族沟通、融合，并且共同生活在一起。在这种状态稳定之后，必然需要建造住宅和宗祠等场所，于是村落中形成了既有共同特征，又有明显差异性的各类建筑群体。村落中的建筑群体布局与外围空间构成上最明显的特征是以院落为单位进行建筑排序。一进式院落以纵向中轴线为准进行对称布置，最重要的房屋（如堂屋、正厅、家祠等）布置在中轴线上。以堂屋为例，迎门墙壁在当地被称为太师壁，在太师壁正中安放神位，家族中的节日礼仪活动都在这个空间举办。院落中除堂屋之外的其他房屋，依次按照对称布置的原则，分布在堂屋左右；多进式院落则稍有不同，通常以中轴线贯穿整个院落前后，纵向排列，层层铺开。在沿街院落中，出于商业与居住集于一体的需求，把院落缩小为天井，或大或小，或长或短，依势而建，但是通常表现为每户面宽小而进深大。

在上林县巷贤镇，有一个以磨姓为主的自然村落，即磨庄。从由磨氏族人提供的《磨氏上林宗支谱》中得知：磨姓一族是明代隆庆年间（1567—1572年）从山东青州府迁居至广西思恩府宾州城东门外大磨村（即磨庄）。今日的磨庄，是13个姓氏的壮族、汉族共建村落，村落里的民居群（图6-1）也保留了迁居民族所特有的防卫型形态。目前，磨庄内有保存较为完好的明代、清代和民国时期的民居87栋，其中7栋为明代所建。现在该村落已被列入中国传统村落保护名录（广西篇）。

随着北方磨姓移民与广西本土壮族先民的文化交流和生产技术相互吸收，壮族干栏建筑技术及构造方法对磨姓汉族产生了全面而直接的影响。在该村的民居群中，分为三高两矮型围合式民居与多厅联排式民居两大类。这些民居多为具有良好避风、遮阳功能的高敞封闭的硬山搁檩式建筑，其附属性建筑（如谷仓、厨房、临时住房等）多为高敞和具有通风、防潮湿、防虫害功能的砖石木混合结构干栏式建筑。民居通常沿街巷线性排列，院门多朝次要的街巷开设，保留主巷的高度封闭状态，因而形成明显的块状格局。民居与民居之间的距离很近，形成集群式的院落群组。通常本家或姻亲的院落，按照统一朝向排列，共同组成一个内向式的大院落群组。院落和建筑空间一般具有以下五个元素。

（一）天井

虽然院落群组是内向封闭的，但是中心天井是封闭状态中对天空开放的空间，有采光、通风、调节空间组合等功能，是建筑实体与空间虚体之间的过渡与缓冲。天井四壁围合，立面性空间特意拔高，最主要的光源仅仅来自天空，对外突出了空间的物质客观性，对内强化了内部空间凝聚性。除了封闭的空间，天井为人们开出了一条透气、放松的渠道，因此天井具备了它特有的精神功能。如果民居建筑为实，那么天井即为虚，民居群就是虚实结合的空间。磨庄民居群中这种虚实相辅相成的空间特点，是汉族文化中对阴阳、圆缺、祸福等对立统一辩证关系认识的一种反映。

（二）晒台

晾晒谷物、熏制腊味、清理杂物都是村落日常生活中重要的一部分，作为外来人口，把有限的土地开垦为专门晒场是不现实的，所以几乎磨庄每家每户都有自属的室外晒台。晒台既加强了内外空间的连通，又丰富了民居的实用服务功能。通常，晒台布置在向阳一面的厢房或者耳房的屋顶，晒台地面层高与正房二层地面层高基本持平或者比后者稍低，并且多利用竹竿搭建梯形禾晾架。

（三）花窗

磨庄民居的花窗通常位于正房开间屋檐正下方，长度与正房保持一致，高度在 1 米左右。整体风格可以概括为"通、透、露"，即人眼视线的通透和内外空间的穿插联合，使封闭院落民居与周边自然环境相互映衬、虚实有序。磨庄民居花窗的形式多样、通透疏朗，既保证了通风采光，又达到了"借景"的目的，是汉族民居空间语言的重要遗存表现。

（四）过廊

因磨庄的防卫需求，无论是在民居还是在街巷，常常会出现各式过廊。过廊常见形式为民居悬挑一隅、公共道路横穿民居底部或者相邻屋檐相通等。各种各样的过廊、过街楼道、边角房屋增加了空间变化的复杂性，或放或掩或伸，形成曲径通幽、步移景异的特殊效果。

（五）出挑

民居通过层层出挑提高空间利用率，而且在进退凹凸、平座出檐、屋顶构架形式、廊房门墙等区域追求造型变化，创造出富有表现力的元素。通常，磨庄民居出挑方式有出挑卧台、披檐出挑、层层出挑三种。另外，出挑材料也别具创新，不仅有南方常见的木质材料，还有当地制作精良的青砖、红砖和黄砖材料，使使用性能更加稳定并增加了美观效果。

另外，南迁的汉族先民仍按照其传统的建筑形式和营造技巧，就地取材，利用磨庄当地常见的石料、黏土等材料来营造建筑主体和烧制砖瓦。鉴于岭南地区的自然环境和气候条件，在建造过程中显然已经不能完全再复制北方式样的低矮民居建筑模式，而是在保留其汉族基本建筑构造和形态的基础上，因地制宜地做出一些改变，如刻意提高民居上厅的层高，在高墙上方开设联排镂空花窗，在非承重墙的下方开设数个小孔洞，这样便于空气对流和散出湿气；在前后檐墙上设置砖质墀头和木质挑手。这些改变既能保护屋檐不受雨淋，又使屋檐下形成一道可遮阳避雨的窄廊；在居室内用木檩条和木板架设全阁楼式和半阁楼式空间，用以存放食物，既可以隔热挡尘，又能合理利用室内空间；在主路段的民居主大门两边和正上方，均设置了枪孔和瞭望孔。所有这些特征，都是迁居岭南的汉族先民为了适应岭南地区湿热多雨的自然环境，在传统的硬山搁檩式建筑的基础上，大量吸收壮族干栏建筑的合理部分，形成了既不同于传统中原民居建筑，又有别于岭南本地干栏建筑的、具有明显的广西地方特色的防卫式民居建筑群。

一些经济实力较强的家族的住宅还有其创新之处，改变了传统厅堂、正房等布局，采用西式住房的内部空间组成和装饰造型，或者采用中西合璧的形式，其中典型代表为磨志明磨宅。其建于清末民初，是一组汉族砖木结构地居建筑群组。其风格是主房高大而重院深藏，坐南向北，门户向阳，倒座房遮掩。院落由厅、屋、厢房、耳房组成。大屋分3进，每进3栋，每栋3式，沿着通风巷道依次排开，形成侧翼。大屋面通宽约40米，每一进的主厅通进深约12米，层高最高处约9米。大屋面阔3间，比左右厢房高约1层，主次分明，合梁与穿斗式混合构架，拱形圆门、灰塑青瓦盖，女儿墙装饰有西式风格的模仿痕迹，檩头额枋均饰有精美的英文字母和西方图案的浅浮雕造型。天井内设有密檐塔、鱼塘、花园等。大屋屋檐下的联排镂空花窗异常繁复精美，均是中国传统文化中常见的花草、日月云雷或者抽象的图案，分格次第排列。

第二节 色彩和谐

图 6-1 这幅作品采用了磨庄东南方鸟瞰的角度，拍照时间是秋末冬初的清晨。所用颜料为德国史明克牌大师级固体水彩，包括有少许白色水粉颜料和德国辉柏嘉牌水溶性白色彩铅。纸张为英国获多福牌 300 克水彩纸，高白色，四开规格，细纹纹理。绘制总用时约 3 小时。

一、色彩家族因素分析

防卫式民居本身的色彩就不突出，隐于周边山川田野之中，再加上岁月流逝更为磨庄民居群增添了平凡质感。所以，这幅作品整体色彩浅淡、相对统一（图 6-2）。在色彩三要素中，这幅作品选择了明度基本相同这一项，纯度和色相不尽相同（图 6-3）。

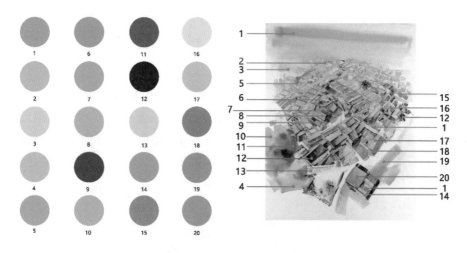

图 6-2　主要色块分析

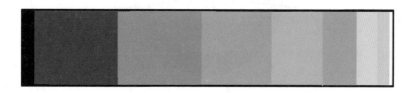

图 6-3　主要色块对比

这幅作品的色彩明度基本相同，因为受磨庄民居群的防御类型所影响，建筑色彩很低调，因此所有明度被灰度调和，画面的色彩明度都比较高，彼此之间形成一种模糊的黄昏既视感，也符合磨庄实景的拍摄时节。整体画面中的物体表现因为色彩明度的低调而产生平衡感，密密麻麻、高高低低的民居群被平衡成一种整体组块，彼此不可分割。这幅作品的纯度差异性不仅体现在单色上，也体现在多色上。在单色方面，黄色、灰色、绿色和蓝色这些单色都有本身的纯度差异。黄色系列的纯度差异表现在 5 号色、6 号色、7 号色、8 号色和 17 号色上；灰色系列的纯度差异表现在 13 号色、14 号色、18 号色和 19 号色上；绿色系列的纯度差异表现在 3 号色、4 号色和 10 号色上；蓝色系列的纯度差异表现在 1 号色、2 号色和 20 号色上。在多色方面，画面中各种色彩的纯度高低是不一样的。其中，黄色和灰色的纯度比较高，所以画面的黄灰色非常明显，所占面积也非常大，而蓝色和绿色的纯度比较低。这幅作品的色相差异性表现在色相跨度 160 度，包括一种不严格的对比色系列，属于较大跨度色相阶层，以黄色、灰色为主，加入了少许绿色、蓝色。

二、色彩秩序原则分析

（一）色相的色彩秩序分析

这幅作品选择了在色相环 160 度角内取色，并作相等色相梯度秩序（图6-4）。主色一共有六种：橙色、黄绿色、绿色、绿蓝色、蓝绿色和湖蓝色。其中，包括一种对比色关系：橙色与湖蓝色。每种主色之间都为相隔一色，相隔距离均等。因此，虽然这幅作品的色相跨度比较大，但是整体色相的色彩秩序很规整，色相关系平衡。

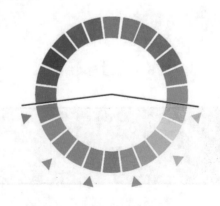

图6-4　色相的色彩秩序分析

（二）纯度的色彩秩序分析

受篇幅所限，本节无法分析每一套色彩纯度的色彩秩序。因此仅从这幅作品中选取 5 号色、6 号色、7 号色、8 号色、17 号色为例进行分析（图 6-5）。

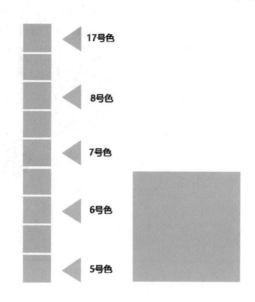

图 6-5　纯度的色彩秩序分析

从图 6-5 可以看出，这幅作品的纯度色彩秩序跨度非常大，跨满 9 个纯度，从高纯度至低纯度排序分别是第 1 度（17 号色）、第 3 度（8 号色）、第 5 度（7 号色）、第 7 度（6 号色）和第 9 度（5 号色）。这幅作品的纯度呈现等梯度分布，并且是完全均等的梯度分布，每一个色相与下一个色相都相隔一个跨度。所以，这幅作品画面色彩搭配对比虽然强烈，但是整体色彩纯度渐变关系比较细腻。

第三节　色彩氛围

一、面积比例

这幅作品的暖色系色彩所占画面面积比例最大，占到整幅画面 80% 以上（图 6-6），这种暖色系涵盖了建筑、景观和道路等画面内容。这些色彩对整体画面氛围具有相当大的影响力，体现了农村民居的人情味。少许的冷色系作为暖色系色彩的有益补充，体现在建筑和景观的阴影、远景天空等画面内容上。

图6-6　色彩面积分析

　　整幅画面呈现的色彩饱和度不高、明度基本相同，为了体现近处院落的重要性、推远远景建筑群和天空，作者把近处院落的色彩纯度大幅提高，从而拉大了整幅画面色彩搭配对比度；而远处的天空和建筑群所占画面面积较大，弥补了其纯度的力度，从而使整幅画面表现力度更为均衡。

　　色彩个性分析方面：这幅作品中的民居群多始建于清末民初时期，在一百多年的岁月洗礼下，民居土砖、青瓦和土墙都已经普遍呈现灰暖色调，画面中最主要的色彩是红色、黄色和绿色。

（一）红色

　　这幅作品中的红色主要分布在民居屋顶区域，分暖红色（如17号色）和灰红色（如18号色）两大类，其中暖红色占更大比例。前景以暖红色为主，纯度比较高，明度比较高；远景以灰红色为主，纯度比较低，明度比较高。画面中红色出现的原因有三个：第一，民居屋顶覆盖有红色土瓦、褐色土瓦或者橙色土瓦，在朝阳映射下呈偏红色；第二，一些民居墙体是由红色土砖砌成的；第三，少量始建于中华人民共和国成立后的民居墙体刷有红色油漆。

虽然这些红色的出现是由不同时期的审美观或者材料制作技巧决定的，但是都恰好与磨庄的红色革命文化相契合。在这种情境下，红色意味着改革、战争、激进、动荡和不稳定感。但是，作为手绘作品，红色不能像其他艺术作品中那般鲜明热烈，而应与革命文化主题建筑这个题材紧密结合，体现岁月历练之感和建筑稳定之美，所以作者把红色顺应着周边色块的色彩倾向而调整，显得更为和谐。总之，作者希望在这幅作品中能够凸显出磨庄的革命文化历史特点，所以在主观上也稍稍加大了对红色的表达力度。

（二）黄色

这幅作品中的黄色主要分布在民居墙体、屋顶和道路三个区域，随着太阳照射角度而分为橙黄色（如16号色）、黄褐色（如7号色、8号色、15号色）和灰黄色（如9号色）三大类，其中因为中远景民居屋顶数量众多和所占画面面积更大，所以灰黄色占更大比例。前景的受光面以橙黄色和黄褐色为主，背光面以灰黄色为主，明度比较高；远景中的受光面和背光面都以灰黄色为主，纯度比较低，明度比较高。画面中黄色出现的原因有三个：第一，民居屋顶覆盖有黄色土瓦或者褐色土瓦，因受到日光照射而呈现非常鲜明的黄色状态；第二，一些民居墙体是由黄色土砖或者当地黄土夯筑砌成的；第三，黄土铺设的村内小路或者受太阳照射而呈现偏黄状态的水泥路。

在这幅作品中，黄色象征岁月历练感、陈旧、隽永和日光温暖等意义，这是几乎每一个上百年传统村落都会具备的色彩个性。但是磨庄是一个特殊类型的传统村落，其与生俱来的防卫功能就决定了其整体色彩必须低调统一，所以虽然都是黄色类色块，但是磨庄题材中的黄色色彩纯度都很低，而其明度要么很高，要么很低，即处于不鲜明的状态。

（三）绿色

这幅作品中的绿色主要分布在树林区域，分暖绿色（如10号色、11号色）和冷绿色（如2号色、3号色）两大类，其中暖绿色占更大比例。前景以暖绿色为主，纯度比较高，明度比较高；远景以冷绿色为主，纯度比较低，明度比较高，并且受到天空环境色影响而呈现蓝绿色。

绿色在这幅作品中是非常重要的色彩调和方式。因为红色和黄色已经占据较大画面面积，而且都属于暖色调，所以作者引入绿色这一冷色调进行补充调和，以使画面不会火燥失衡。另外，绿色的色彩形态灵活，能对民居固定形态进行边界补充，更显得画面活泼丰富。在这幅作品中，绿色意味着生命、氏族的活泼和繁盛。尤其是近景左下角的大块绿色，表现的是磨庄的氏族象征——村口大榕树，大榕树见证了磨庄建村至今的数百年历史，也是磨庄村民每年节庆的重要祝祷场所。作者主观上也加大了这块绿色的面积，既能凸显大榕树的重要性，又能调节画面的冷暖色调平衡感。

这幅作品中除了上述三种色彩外，还有蓝色、白色和黑色等色彩。这些色彩面积比较小，并且形态细碎微小、边界不甚清晰，对题材表现也没有起到决定性作用，所以本节不对其他色彩进行阐述。

二、色块聚散度

这幅作品的黄褐色系的类似色色块的聚散度非常高，并且集中，在画面中心呈现碎小密集的形状。而蓝绿色系的类似色色块分散在画面四周或画面中心的建筑少许空隙处，但其也被黄褐色系色块分割切碎。因此，黄褐系色块为这幅作品的图，蓝绿系色块为这幅作品的底。同时，画面下方景观色块的收口方式呈现层次不齐的状态，体现了底的辅助性地位。

这幅作品体现的是秋末冬初的风景，气氛祥和，村落民居群的固有色本身就较为统一，画面几乎覆盖了整个村落的民居群，内容比较复杂，色块呈现零零碎碎、密密麻麻的状态，色彩与色彩之间边缘的边界数量很多。所以，作者在三类色块聚散度中选择了弱色彩对比的方法。虽然用色温和，但前景、中景和远景的对比效果非常清晰。

（一）色温对比

这幅作品同时使用了冷色调和暖色调所产生的色块对比。其中，冷色调包括：天空区域的灰蓝色、远处树林的蓝绿色、近景树林投影和背光面的蓝绿色、建筑投影的灰紫色和蓝紫色等；暖色调包括民居屋顶的灰褐色和灰橙色、民居墙体的土黄色、近景树林受光面的暖绿色等。画面中出现了蓝色系列和橙色系列，这两个系列本是最强烈的色温对比，但是由于降低了它们的纯度，所以画面中其他色彩无论是靠近哪一个系列，色温对比都比较温和，冷暖趋向变化比较缓和。

（二）补色对比

这幅作品使用了两种补色对比：黄色与紫色、橙色与蓝色。这种极端的平衡关系使本身平和的画面主题变得更加生动，也符合"秋末冬初"农村秋收的印象。画面中虽然有这两种补色对比，各自所占面积都比较大，但是纯度都很低，而且大多数互补色色块都没有直接相邻，画面冲击力没有那么强。另外，作者在屋檐下、屋顶背光面等区域利用投影关系加入了无情色彩（黑色），与画面浅色调构成了类似互补色的关系。

（三）纯度对比

史明克水彩颜料的色相本身是比较鲜明的，为了表达出弱对比的效果，作者主观降低了整幅画面色彩的纯度。在近景和中景的民居群及投影区域，水彩颜料浓度很高，只加入了极少水量以保证颜料能够铺上纸面即可；远景的天空、树林、民居群及投影区域，水彩颜料浓度很低，加入了大量水分，颜料与清水的调和比率大致在 1 ∶ 2 ～ 1 ∶ 3，尤其是天空区域，颜料与清水的调和比率达到 1 ∶ 3。需要注意的是，同是在近景，民居群与树林体现了作者不同的处理意识，树林的水彩颜料加入的水量更多，原因如下：第一，近景树林位于画面边角区域，不是画面中心，需要体现主次关系；第二，树林不是这幅作品的主要题材，不需要过多表现。

三、构图改变

（一）横向轴线

把重点民居群放在画面 2/3 横向轴线附近，上下不超过 1/4 幅度，并且把更具研究亮点的民居群放在横向轴线的下 1/4 部分，以期更能吸引人们的注意力，平衡画面的中景和近景的画面冲击力。

（二）主观改变

为了保证表现出鳞次栉比的民居群，这幅作品的构图做出了主观改变：虚化远景的民居和树林，并使其形象扁平化；改变远景天空云彩的走势，使其趋于平缓；减少近景树林的面积至 1/3，并且把树林的位置偏离竖向中轴线，移至偏向画面左下角，用树林、道路、夯土墙等元素形成从左至右的导向线，把视线引导至画面中心的民居群。

（三）色块明度

重点民居群的明度普遍比较高，并且都在横向轴线附近，所以作者把重点民居群周边的植物、投影和道路等元素色彩的明度相应降低。

（四）无情色彩

近景和中景区域的民居群色彩面积都比较小，意味着不同色相之间的小面积对比很多，即存在很多色彩拼接的边界，这种对比往往要比远景色彩或者色块对比更加有效。为了维持画面弱色彩对比所需的和谐感，作者在近景和中景区域的民居群色彩边缘加入了黑色和灰色的无情色彩，削弱了色彩对比边界感，同时稍稍增加了近景画面的重量感。

第四节　小结

作为岭南地区具有防卫型特色民居的代表之一，磨庄民居群始终在建筑学研究中占有一席之地。其建筑文脉、村落布局、景观道路设置、建筑构架、色彩肌理等都无不体现着汉族、壮族文化融合和匠人对自然环境的尊重。磨庄民居群朴素、低调和实用的风格，决定了这幅作品的色彩应呈现平和、淡雅和统一的状态。

在色彩和谐方面，整幅画面选择了明度基本统一，而色相和纯度不统一；色相的色彩秩序控制在色相环160度角以内，并呈现五等分等距梯度秩序。其纯度色彩秩序跨度较大，呈现相等梯度分布。画面色彩对比强烈，整体色彩纯度渐变关系比较细腻。

在色彩氛围方面，同属暖色系的建筑色和景观色占有画面绝大部分面积。黄褐系色块聚散度很高，比较集中；蓝绿系色块聚散度较低，比较分散。在这幅作品中，黄褐色系色块为图，蓝绿色系色块为底，画面色块图底关系分明。

第七章　个案研究：云南省红河
哈尼族彝族自治州哈尼族民居群

（a）

（b）

图 7-1　哈尼族民居群

第一节 建筑色彩和整体概析

一、建筑色彩分析

哈尼族民居依山傍水，建筑与自然环境的融合度非常高。哈尼族民居现存传统建筑的色彩风貌主要体现在建筑屋顶、墙身和门窗部位，整体色彩比较简单统一，呈暖色的色彩倾向。①建筑群体的主色为红色（R）系，暖色倾向；明度值分布在 1～6，属于高、中高明度区段，呈现强对比；纯度值集中在 3～5，属于中纯度区段，呈现弱对比。②门窗等构件的主色为红色（R）系和绿色（G）系，呈暖色为主、冷色为次的色彩倾向；明度值分布在 6～9，属于低明度区段，呈现中对比；纯度值分布在 8～9，呈现弱对比，属于低纯度区段（表7-1）。

表7-1 哈尼族民居群色彩分析

	冷暖倾向	色 系	明 度		纯 度	
建筑群体	暖色	R	强对比	1～6	弱对比	3～5
门窗	暖色、冷色	R、G	中对比	6～9	弱对比	8～9

二、建筑整体概析

云南省哈尼族源属于我国古代的羌族，主要聚居在云南省南部的红河流域。哈尼族所居之地多为山河峡谷，地域狭窄且陡峭，世代以务农为主。所以，哈尼族民居风格鲜明，体现了农耕生活的特点，并顺应这种自然环境而衍生出一种特殊形式的民居——哈尼族民居"蘑菇房"。顾名思义，蘑菇房外形犹如一朵朵破土而出的蘑菇，在层层梯田或山涧溪水旁或独立或簇生，显得十分和谐自然。

哈尼族民居对山地地形的适应性主要体现在以下两点：第一，民居形态；第二，合理组织水文优势。在民居形态方面，哈尼族民居体现了与基地形状的最大限度契合状态，表现如下：①民居平面布置力求与基地形状尽力吻合，不以生硬的"几何块体"形状去占据自由变化的山地平面；②民居剖立面符合基地现状，采取台阶差、跌落或叠层的形式。表现"基地形状"的民居形态是具有生态适应性的，它贴近地形实际情况，尽可能减少对山地环境的改变。对于不同的山地地块，处理方式会有不同，并没有一个固定模式或者公式。例如，对于一个民居群组，其体现基地形状的特征是，民居沿等高线布置，群组布置关系体现山体的转折趋势，并保留原来地表的植物绿化肌理；而对于某一个特定的民居局部，如为了保护一棵大树，会对民居的平面或者剖立面做出特殊处理。在合理组织水文优势方面，首先在整体规划上，哈尼族民居顺应山地大环境自然水体流线，通常不在两个汇水面的交界处布置民居，以避免山洪暴发或者暴雨危害，而是把民居基本顺沿山势走向布置，保持天然分汇冲沟和自然水体，让民居与山体环境各得其所。在民居周围合理布置排水沟渠，这样既可以保护民居地基不受地下水的侵蚀又可以合理引导地表水流，防止它渗入地层深处，留下山体滑坡等隐患。由此可见，在山地建造哈尼族民居时，地质、地形、水文、植被四个要素既相互联系又主次分明，重点抓住山地的水文组织和山体形态处理，在此基础上再合理运用生态设计要素，使哈尼族民居取得非常明显的山地适应性优势。

哈尼族民居多为二层或三层的木构架土坯房，大多由四坡屋顶的茅草顶与土掌房组合而成。茅草顶部分为正房，二层，两坡或者四坡，脊短坡陡，外形如同蘑菇。土平顶部分通常为正房的前廊或者耳房，单层或者二层，顶为晒台，由正房二层至晒台晾晒粮食或其他物品。概括来说，民居一层用来存放农具或放养牲畜；二层通常由厨房、正房、前廊和耳房组成。前廊与正房前墙相接，正房中央设有一个常年不灭的火塘，这个火塘通常1米见方，是全家人的聚会待客空间。大多数民居会在二层室外向阳的一侧砌造一个露天平台（即晒台）；三层是卧室和储藏粮物空间。二（三）层至屋顶的空间被称为"封火楼"，封火楼通常以木板和梁架密密间隔，用以贮藏粮食和晚辈住宿。因为民居占地少，而且通常正房和耳房不在同一地形标高上，院落中出现较多的落差，又因山地大环境不允许专门开辟场地做晒场，所以哈尼族人形成了农作物收割后立即带回家中晾晒的生活习惯，这就要求每户都有足够的晒台。民居的土掌平屋顶、土抹面、封火楼等是不可缺少的晾晒场所，只是每家每户的人口多寡决定了晾晒场所面积大小。

哈尼族民居通常由以下五个建筑空间组成。

一是正房。哈尼族语言称之为"枯拉"，是每家每户的核心空间。典型的正房为三个开间、跃层加闷火顶（即蘑菇屋顶覆盖的部分）。其中，明间为堂屋，开间最大，堂屋正中为祭神的地方，通常设有火塘。堂屋两边次间为卧室，开间相对较小，老人或者已婚儿女各住一边。跃层通常不住人，通常是贮藏粮物空间。闷火顶（通常与上文中提及的"封火楼"部分空间相重叠）主要贮藏粮食。有些民居的闷火顶还设有一个约 20 厘米见方的小孔，可把粮食从闷火顶上直接漏至粮仓，以避免突降雨水并方便日常搬运。

二是前廊。通常正房前方设有一条较宽的廊道，长度与正房相同，宽度在 2 米左右，是家务活动、就餐之处。民居较小或者家庭人口少的人家通常把厨房、火塘与前廊合并而设，并将前廊一段封闭作为厨房，另一端为就餐之处。

三是耳房。通常耳房为两开间，跃层，其长、宽、高的尺寸均小于正房，构造更为简单，多为土掌房，少数为茅草坡屋顶。一层低矮，用来存放农具或者放养牲畜，二层多用于住人或者贮藏杂物。

四是晒台。即土掌平顶，通常由正房的二层设外开门直接通向室外露天平台。

五是院落。受山体地形限制，民居的院落通常比较狭小，由正房和一侧耳房或者两侧耳房围合而成。院落内绿化和装饰很少，台阶起伏以连通空间，空间变化丰富，通风采光效果极佳。

从平面布局形式来看，哈尼族民居有以下三种平面类型。

第一，单体型。通常民居为三个开间，平面接近方形，空间尺度不大，一层用来存放农具或放养牲畜，二层为厨房和卧室。安全和卫生条件比较差。屋顶为两坡或者四坡，设有封火楼。通常在总大门处设有小型门廊，门廊一侧设有隔间供晚辈居住，其上方设为晒台或者杂物间。

第二，曲尺型。由正房和一侧耳房组成。通常耳房为一层或者两层。通常正房高于院落地面层高 1 米以上，前廊采光通风效果比较好。曲尺型民居分为两种类型：第一种是正房与耳房是各自独立的空间，正房前方为一条封闭的廊道。第二种是正房与耳房相连通。无论哪种类型，空间分割与功能使用是一致的。

第三，合院型。由正房、两侧耳房和门廊组成的封闭民居空间，外形比较方正，院落较小。耳房为两层，晒台宽阔。正房地面层高与院落高差较大，前廊视线开阔，采光通风效果比较好。耳房屋顶与正房二层地面层高几乎一致，由正房二层出入晒台。正房屋面下设有封火顶，封火顶端墙设有小洞或者小窗用以通风。

哈尼族民居整体由夯土墙、茅草顶和竹木架三部分构成。民居墙体基本是夯土墙体，少数民居还会加一层石砌墙裙，墙基用石料或土砖块砌成，地上、地下各有 0.5 米。整个墙体笔直整齐，厚度在 360 毫米左右，把木构架搭建得稳当结实。屋顶是四面斜坡或者整体半球形的茅草顶，茅草顶铺在竹木架上，并用麻绳扎紧理顺，能够承担遮风挡雨的重任。厚实的茅草顶在笔直的墙体上犹如一个蘑菇顶，这是"蘑菇屋"造型特征的重点部位。通常土掌房的屋顶檐口高于屋顶本身的边沿，用当地泥土所制的土砖堆砌而成，其高度约 20 厘米，并与大面平屋顶形成檐沟，在固定位置设有排水口，其作用为保护晾晒物品不至掉落，并且有效组织屋面排水。

哈尼族民居具备特别的结构形式和良好的保温散热性能。在寒冷的冬日，室内依然暖和；而在闷热的夏季，室内十分凉爽。这种冬暖夏凉的天然优势和低廉实惠的建造成本，是其他类型民居所少见的。因此，哈尼族人视蘑菇房为民族骄傲，一直流传着"谁不会盖蘑菇房，谁就不是真正的哈尼人"的说法。

哈尼族人在选择村落位置时，通常选择有茂密森林、充足水源和肥沃梯田等良好资源的地方。所以，哈尼族村落往往显得非常宜居，房前、房后都有郁郁葱葱的树林遮阳挡风，全村内环绕着自然或人工水道，每栋蘑菇屋都能被这数条水道围绕。在村口和村尾等重要空间节点，设有水王庙、水井和水口，供全村人祭拜和使用。受益于良好的自然地理环境，哈尼族人十分爱惜自己村落的自然资源，设立了很多保护树木、水源和土地的乡规，为世世代代的族人所遵守。

云南是一个多民族的省份，在长期民族文化发展过程中，不同文化之间始终存在着相互冲突、相互渗透和相互融合的现象，任何一个民族文化都无法避免地与其他民族文化进行正面交流。而民居建筑艺术也是如此，总是处于一个动态的交流、影响、促进的开放状态，而不是置于一个封闭和独立发展的环境中，哈尼族民居蘑菇房就是很好的范例。哈尼族民居源于羌族的碉楼，其未曾绝迹而继续延绵发展，成为碉楼的亚种。而这类亚种，对白族、纳西族民居也产生了一定影响。

第二节　色彩和谐

图 7-1 这幅作品采用了红河哈尼族彝族自治州元阳县哈尼族村落的民居群立面角度，拍照时间是春季。所用颜料为德国史明克牌大师级固体水彩，包

括少许白色水粉颜料和黑色酒精马克笔。纸张为 300 克中国宝虹牌水彩纸，中白色，四开规格，细纹纹理。绘制总用时约 3 小时 30 分钟。

一、色彩家族因素分析

哈尼族民居建材大多取材于自然，所以建筑本身色彩与周边自然环境的统一度非常高。并且，哈尼族村落本身的景观元素非常密集，如梯田、树木、山川、水道，乃至远景天空等。所以，这幅作品的整体色彩浅淡相对统一（图 7-2）。在色彩三要素中，这幅作品选择了色相基本相同这一项，但是因为现实主题自身色彩还存在一定的差异性，所以不能做到色相完全相同，而是在保证画面和谐统一的前提下绘出有些许差异的各类色相，主要色块对比如图 7-3 所示。

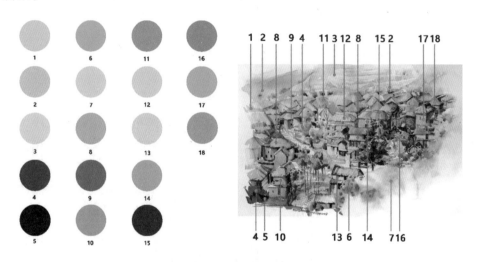

图 7-2　主要色块分析

图 7-3　主要色块对比

这幅作品的色彩色相虽然并不是完全相同，但主色是近似色，分别是红色、褐色和黄色相混合的暖色调，由于作者刻意模糊实景物体的边缘，三种主色之间的边界也并不十分明确，即红色中有褐色与黄色，褐色中有红色与黄色，黄色中有褐色与红色，这种模糊的边界使这幅作品呈现一派农村特有的质朴浑厚的天然感。这幅作品的明度差异性不仅体现在单色上，也体现在多色上。在单色方面，红色、褐色和黄色这些单色都有本身的明度差异。红色系列的明度差异表现在 4 号色、6 号色和 7 号色上；褐色系列的明度差异表现在 4 号色、8 号色、9 号色和 17 号色上；黄色系列的明度差异表现在 10 号色、13 号色和 18 号色上。在多色方面，画面中各种色彩组合成一系列有明显差异性的画面整体明度。明度从高到低排列依次是白色、黄色、红色、绿色、褐色和黑色，明度阶层非常明显，明度跨度饱满有序。这幅作品的纯度差异性表现在所有色相中保持了高度自立，没有被灰度调和，饱和度都比较高，整体画面中的物体表现因为纯度的明确而产生一种冲突感，但因为色相的融合度较高，从而使这种冲突感得到一定程度的缓和。

二、色彩秩序原则分析

（一）色相的色彩秩序分析

这幅作品选择了在色相环 270 度角内取色，并作相等色相梯度秩序（图 7-4）。主色一共有六种：深绿色、绿黄色、橙色、红色、红紫色和紫色。其中，包括一种互补色关系——红色与绿色，以及另一种对比关系——橙色与紫色。每种主色之间都为相隔两色，相隔距离均等，因此，虽然这幅作品的色相跨度比较大，但是整体色相的色彩秩序很规整，色相关系平衡。

图 7-4　色相的色彩秩序分析

（二）纯度的色彩秩序分析

这幅作品色彩纯度的主观处理比较多，所以本节选取 10 号色、14 号色、17 号色作为分析对象，并且把图 7-1 中的 11 号色、16 号色、8 号色、13 号色、10 号色、17 号色、12 号色、3 号色、6 号色这 9 个主要色彩作图展示（图 7-5、图 7-6）。

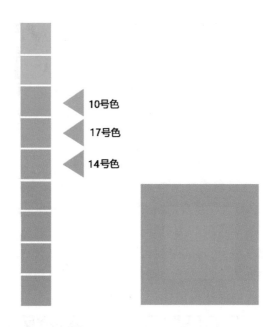

图 7-5　主要色彩纯度色彩秩序

图 7-6　纯度的色彩秩序分析

从图 7-5、图 7-6 可以看出，在这幅作品中，无论是主要色彩，还是单个色彩，其纯度色彩秩序跨度不大，在 9 个跨度量中已经包括在 3 个跨度内，从高纯度至低纯度排序分别是第 3 度（10 号色）、第 4 度（17 号色）、第 5 度（14 号色）。其呈现相等梯度分布，并且 3 个色是彼此相邻的状态，没有相隔色。纯度的色彩秩序差异表现如下：①未包含极端纯度，即第 1 度和第 9 度；②纯度梯度的差异性极小；③色彩纯度主要集中在高、中纯度梯度内。所以，画面色彩纯度相对统一，变化不大，整体色彩纯度渐变关系比较细腻。

第三节　色彩氛围

一、面积比例

这幅作品的暖色系色彩所占画面面积比例最大，占到整幅画面的 80% 以上（图 7-7），深色的暖色系在画面里也是被主观强调了，以体现作为北方迁徙民族之一的哈尼族所自带的历史厚重感。浅色的暖色系主要用在民居墙壁和屋顶等地，以体现取材于自然的建材特色。这种暖色系涵盖了建筑、梯田和山路等画面内容。少许的冷色系作为暖色系色彩的有益补充，在民居建筑阴影和远景雾气弥漫状态等画面中得以体现。

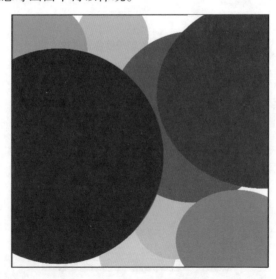

图 7-7　色彩面积分析

整幅画呈现的色彩饱和度很高，明度跨度变化较大，纯度跨度变化不大。为了体现春季少数民族地区的独特风情，作者用高饱和度的暖色调色彩来表现民居，并且把近景的花木、树林的色彩饱和度和纯度大幅提高，从而保持了整体画面的"春季感"。同时，稍微降低远景梯田和树林的色彩饱和度和纯度，既可以从视觉上退远梯田和树林形象，保持民居主体重要性，又可以稍微拉大整幅画面色彩搭配对比度，从而使整幅画面的表现力度更为均衡。

色彩个性分析方面，这幅作品中的民居群均取材于自然环境，色彩偏暖色调，并且均非常自然、活泼和生动。画面中最主要的色彩是绿色、褐色和红色。

（一）绿色

这幅作品中的绿色主要表现在植物和梯田区域，分为深绿色（如 15 号色）和浅绿色（如 11 号色、16 号色）两大类，其中深绿色占更大比例。前景以深绿色为主，纯度比较低，明度比较低；远景以浅绿色为主，纯度比较低，明度比较高。画面中绿色出现的原因有三个：第一，民居周边集中分布着树木、花草；第二，一些民居墙体上有绿色青苔或者因霉变而产生的类似绿色的色彩；第三，远处梯田及树林。

这幅作品中的绿色意味着自然、纯朴和活泼，无论明度和纯度如何变化，都是在色相环的 6 个绿色中做出微妙变化。首先，画面中绿色色块边缘的边界数量比较多，绿色本身的色彩个性就活泼，再加上复杂多变的色块边缘边界，使整个画面具有春季村落的生命蓬勃之感。其次，整体画面都是偏重暖色调，包括绿色色块也是偏暖色调，但是绘画理念不允许出现完全暖色调，而绿色恰恰是可以从暖到冷色调中作调和而不显生硬的色彩。远景的天空蓝色系，使梯田的绿色呈现冷绿色倾向；中近景的哈尼族民居夯土墙黄色系，使周边植物的绿色呈现暖绿色倾向；在云南强烈的日照条件下，物体本身的明暗关系更显强烈，因此中近景的绿色色块中有一些明度是极低的，而这种强烈明度对比的画面效果，恰恰与这里富有生机的氛围相符合。

（二）褐色

这幅作品中的褐色主要表现在哈尼族民居墙体、道路和泥土田地等区域，分为深褐色（如 9 号色）和浅褐色（如 14 号色、17 号色）两大类，其中深褐色占更大比例。前景以深褐色为主，纯度比较低，明度比较低；远景以浅褐色为主，纯度比较低，明度比较高。画面中褐色出现的原因有两个：第一，民居墙体以夯土材料为主，呈现泥土的黄褐色状态；第二，民居中一部分屋顶由土砖砌筑或者泥土敷和，也呈现泥土的本色状态，这些地方多在向阳的方向，所以明度更高。

这幅作品中的褐色意味着乡土和本质原始状态，其纯度都很低，但恰恰这种低纯度的褐色色块能体现哈尼族民居的建造材料特征。画面中褐色色块边缘整齐均衡，有明显的几何形体特征，平衡了绿色和红色色块的活泼感。在云南充足的日照条件下，民居墙体和屋顶的受光、背光关系很鲜明，因此深褐色与浅褐色的明度对比非常强烈。

（三）红色

这幅作品中的红色主要表现在植物区域，分为土红色（如 4 号色）和粉色（如 6 号色、7 号色）两大类，其中粉色占更大比例。前景既有粉色也有深红色，在画面左右收口区域，纯度都比较低，但是粉色明度很高，土红色明度比较低；远景以粉色为主。画面中红色出现的原因有两个：第一，在春季，民居周边集中分布着树木、花草；第二，一些民居墙体上有受到树林草木环境色影响的类似红色的色彩倾向。

这幅作品中的红色与绿色类似，同样意味着自然和活泼，但没有绿色那样有冷暖穿插变化的自由度。另外，画面中红色色块形态整齐，其边缘的边界数量比较少，既能更好地衬托绿色，又可以为画面边角区域做好收口。

另外，这幅作品中除了上述三种色彩外，还有白色、灰色和黑色等无情色彩。这些色彩面积比较小，形态细碎微小，对题材表现也起不到决定性作用，所以本节不对这些无情色彩进行阐述。

二、色块聚散度

哈尼族民居多建造在梯田和峡谷处，呈现角度较为直立。这幅作品的色块聚散度分为两大部分：黄绿系色块和冷色系色块。民居建筑的黄绿系色块聚散度非常高，非常集中，而且都集中在画面中轴线附近，在其中穿插若干冷色系小色块，作为配色搭配，冷色系色块聚散度比较低，比较分散。所以，在这幅作品中，黄绿色系色块为图，冷色系色块为底。

这幅作品要着重表现的是春季的风景，呈现艳丽活泼的画面效果，但因为哈尼族民居固有色很统一和色相偏沉稳，实景取景角度较为直立，透视效果不明显，所以作者选择了强烈对比的方法。

（一）明度对比

在这幅作品中，最明显的明度对比即无情色彩（灰色、白色和黑色）共同出现在画面时双方的相互影响。例如，大量保留白纸本色区域；黑色与褐色色块紧密相邻并且多次相邻等。但在远景区域，为了创造推远空间的视觉效果，黑色色块较少，取而代之的是灰色色块与白色色块的调和。

（二）色相对比

这幅作品使用了两种补色对比：黄色与紫色、红色与绿色。这两种极端强烈的色相对比与画面中其他色块之间的区分程度成正比。这两种色相对比占据了画面的绝大多数面积，并且位于画面中心，从而突出了主色调，其他色块就退居其次，画面色块聚散度合理有序。

三、构图改变

这幅作品里，作者对民居定位做了些许改变，体现了作者的主观意识。在现场实景中，画面左上角有若干栋民居，右下角有水利设备，所占构图面积还不算小。这些都影响了画面主题，即民居的表现主体地位。所以，作者做出构图改变，采用竖向轴线构图方式，着力表现画面竖向轴线 2/4 ～ 3/4 幅度内的民居，舍去其他幅度内大面积的非民居形体。

第四节　小结

哈尼族民居蘑菇房是重要的少数民族古民居代表，其对自然环境的利用发展之道非常值得研究。建筑本身造型独特，取材自然，与梯田和谐共生。民居结构虽然与汉族干栏建筑类似，但是也具有自身独特性，耳房即体现之一。

在色彩和谐方面，哈尼族民居身处本身自然环境优越的云南省境内，蓝天白云、青山绿水为取材于自然的民居色彩更添风情。所以，整幅画面选择了色相基本统一、纯度和明度不统一的方式，整幅画面的纯度采取普遍降低的方式。色相的色彩秩序控制在色相环 270 度角以内，并呈现六等分等距梯度秩序。其纯度色彩秩序跨度不大，呈现非相等梯度分布，整体色彩纯度渐变关系比较细腻。

　　在色彩氛围方面，同属暖色系的建筑色和景观色占有画面绝大部分面积。色块聚散度分两大部分：黄绿系色块和冷色系色块。黄绿系色块聚散度非常高，非常集中；冷色系色块聚散度比较低，比较分散。在这幅作品中，黄绿色系色块为图，冷色系色块为底，画面色块图底关系分明。色块聚集度集中在画面竖向轴线 2/4 ～ 3/4 幅度内。

第八章　个案研究：四川省桃坪
羌寨民居群

（a）

（b）

图 8-1　桃坪羌寨民居群

第一节　建筑色彩和整体概析

一、建筑色彩分析

四川省的桃坪羌寨民居群属于山地民居体系，体现出强烈的民族风貌和地域特色，与第六章的广西磨庄同属防卫型传统村落。因此，建筑色彩总体低调统一。根据建筑使用功能不同，分为民居建筑和公共建筑两个类型。

桃坪羌寨民居群现存传统建筑的色彩风貌主要体现在建筑屋顶和墙身部位，整体色彩高度统一，呈绝大多数暖色、极少数冷色的色彩倾向。①建筑群体的主色为红色（R）系和绿色（G）系；明度值分布在1～9，属于全跨度明度区段，呈现强对比；纯度值集中在7～9，属于低纯度区段，呈现弱对比。②民居建筑的主色为红色（R）系；明度值分布在1～9，属于全跨度明度区段，呈现强对比；纯度值分布在7～9，呈现弱对比。③公共建筑的主色为红色（R）系；明度值分布在1～9，属于全跨度明度区段；纯度值分布在7～9，呈现弱对比（表8-1）。

表8-1　桃坪羌寨民居群色彩分析

	冷暖倾向	色　系	明　度		纯　度	
建筑群体	暖色	R、G	强对比	1～9	弱对比	7～9
民居建筑	暖色	R	强对比	1～9	弱对比	7～9
公共建筑	暖色	R	强对比	1～9	弱对比	7～9

二、建筑整体概析

在我国的省份中，四川是一个具有强烈地域特色的省份，它是在一个相对封闭的地理环境中孕育，又不断吸收外来移民文化变化而成的。这就是四川文化传承与开放并重的典型特征，这个特征也根植于四川建筑文化中。在四川的少数民族民居研究中，羌族民居独占一席，在别具一格的地理条件下成为川味十足的山地民居体系，一切以因时因地因人因材制宜，主动选择环境并迅速适应环境，又与环境和谐共生。羌族以农牧业为主要经济来源，以大山为依托，修筑层层梯田，围绕山体建造羌寨，开发河谷发展农业生产。

桃坪羌寨民居群位于四川省阿坝藏族羌族自治州桃坪乡，是世界上建筑保存最为完整的羌族古建筑群。与第六章的山东青州汉族一脉、第七章的哈尼族一脉有类似的历史经历，古老的羌族原居于我国西北地区，为了谋求生存和发展，从汉魏时期开始由东向南大迁徙，其中迁入岷江上游地区的一脉即现在的桃坪羌族人，而桃坪羌寨民居群就是这些羌族人长年建造的结果。

桃坪羌寨选址是包含着深刻的社会因素和环境因素的，其选址基于军事政治原则。阿坝藏族羌族自治州地形复杂多变，关隘重重，河川曲折蜿蜒，再加上羌族属于外来族系，在迁居稳定过程中事故频发、战乱不断，因此地处来往交通要道上的桃坪羌寨就成为控制一方具有战略意义的据点，既是历代兵家必争之地，又是各级行政管理官衙治所之地。桃坪羌寨历经千年更替兴衰，屡毁屡建，不断复兴。整个寨子主要布置于地形险要的山川上，少量区域位于平坝交通岔口之处，这种寨子布局的形成体现了其双重功能：以军事防卫功能为主，以居住商贸功能为辅。桃坪羌寨民居群空间组合形式为典型的街巷组合式，是在自由松散的初创基础上逐步发展而成的一种有明显街巷空间意识的组合形态，类似于平原地区汉族场镇的集中街巷，但是实际上，桃坪羌寨是有街无市的，不排除有个别的临街店铺，但总体上看并没有集中市贸交易场所。寨子总平面比较方正，民居群呈密集的若干不规则块体组合，每个块体由若干户相连在一起，块体之间便形成了走向自由布局的街巷。寨子内有一条主街式的主干道纵向贯穿全寨并设有寨口，由四条曲折的次要道路横向分布，犹如棋盘式，曲直大小交织相连。

羌寨民居群是以当地生产的石片为原料、用黄泥作为黏合剂建造而成的，羌族人称其为"邛笼"。《后汉书·西南夷传》："冉駹彝者，武帝所开，元鼎六年，以为汶山郡……皆依山居止，累石为室，高者至十余丈，为邛笼。"由此可见，这种羌居形制历史之悠久。邛笼属于土石结构体系，是典型的山地建筑，通常结合地形做出灵活布置，外形即成二至四层的阶梯状，一层存放农具或放养牲畜，二、三层为居住空间，通常有正房、卧室、厨房等，二、三层平顶上设"罩楼"，即依靠后墙砌筑一排廊房，为生活辅助。邛笼包括碉楼建筑和城堡建筑两大部分。现在，羌寨内依然保存有多座碉楼建筑，碉楼位于寨子后面的山腰处，其实质是军事观察瞭望塔。古堡建筑占寨子的绝大部分面积，高低错落、棱角清晰，整个寨子有八个通往外道的大门，犹如传统的八卦布局，远观好似一座迷宫，这种平面布局形态也符合迁徙而来的羌族民族特点。

碉楼建筑高 30 余米，是整个羌寨的标志性建筑。通常，碉楼有四角、六角和八角之分，桃坪羌寨的碉楼是四角形式。碉楼棱角锐利笔直，外墙面平整光滑。在碉楼内部的墙面与地面垂直，外侧的墙面则向上倾斜，所以形成了上小下大的外观形态，十分稳固。由于桃坪位于地震频发的岷山大断裂带地区，碉楼正中有一个从顶到底的棱角，就是为了使碉楼所受的压力通过这一曲线波纹分流扩散，更好地支撑起高大的建筑结构。

古堡建筑多是由石片砌成的平顶房屋，本地人称这种平顶房屋为"庄房"。庄房的窗户高且小，每户房顶几乎相通。庄房多数为三层，少数为四层。一层用来圈养牲畜和存放生产工具，二层用来会客和居住，三层用来存放粮物。庄房的平顶是打麦子、青稞、玉米和日常晒粮食、衣物的空间。通常在屋顶四角还垒设一个石头"小塔"，形状多为梯形或者直形短柱状，其内部摆放着羌族人信奉的白石神，轮廓起伏有致，十分醒目。庄房地基深入地面原始石层，彼此之间相互连接，十分坚固。

在桃坪羌寨内，户户民居不仅相通相连，还设有复杂的水网系统。在寨子里，水渠多为暗道，并且设有多处分支，主干道和少数庄房内都筑有水暗道，可以取水、消防、降温和战时防御。水网系统这种巧妙布置和利用方式，体现了羌族人民独特超前的环保共存意识。桃坪羌寨选址十分重视水源的引入和保护，因为这是全寨子赖以生存的必要条件，同时有提供树木花草培植和水磨坊生产等用途。除了从山川河溪取水，还有各种山泉取水，还要保证把水通畅无阻地引入各户民宅，因此寨子中必须有合理的水系空间，包括有水系组织、沟渠布置、水口水池环境经营等。桃坪羌寨的水网系统非常特别，除了有上述的暗道，还有灵活的明沟渠，成为各户民宅信息沟通的方式之一。

羌族人民不仅有自己的建筑历史，也非常擅于吸收汉、藏民族的建筑文化。几乎所有的羌寨中都有一些与相邻藏区或者汉区建筑类似的结构，如墙体、楼柱、楼面结构以及出檐、门窗等，不仅与藏式民居的做法大同小异，也保留了羌族的材料特色，还吸收了汉式坡屋顶的做法。再以门窗为例，民居入户大门无论式样和朝向如何，均是简洁大方的风格，布置有汉式特征的垂花门装饰，在院墙门上布置带有本族宗教信仰意义的白石。窗户的形式同样丰富多样，如小口窗（斗窗）、出烟孔（升窗）、垃圾口（地窗）、羊角窗、牛肋窗等。这些门窗在民居立面上都是重点装饰之处，呈现类似藏式的装饰风格，综合来看，也是羌族民族特色的一种表现。

桃坪羌寨的绿化培植也十分值得研究。尽管寨子紧靠植被并不繁茂的大山，寨子内的房屋非常密集而且都是石构材料，但是因为寨子里布置有一定数量的灌木丛，使整体空间并不令人感到压抑沉闷。寨子内的水网系统为草木提供了培植环境，再加上寨子里人们有强烈的保护意识，所以有不少古木大树，其掩映点缀着低调古老的寨子，给寨子增添了几分活力和亲和度。尤其是像寨子大门这种相对平缓的场所，布局自由的民居群散布在绿植中，呈现一种参差不齐、高低错落的空间立面变化，加上远处众多高大巍峨的碉楼，更显示出人类与物质环境多年来积极互动的神奇动人情景。

桃坪羌寨是一个集居民生活和战争防御于一体的古老民居建筑群，其路网、水网和建筑共同构成三维立体的防御系统。进入和平时代后，高大的碉楼和迷宫般的民居群失去了抵御外敌的意义，但依然反映了精湛的建筑美学和民族文化内涵，呈现"一夜羌歌舞婆娑，不知红日已曈曈"的兴盛景象。

第二节　色彩和谐

图 8-1 这幅作品采用了四川省阿坝藏族羌族自治州桃坪羌寨民居群的鸟瞰角度，拍照时间是山区的深秋。所用颜料为德国史明克牌大师级固体水彩，包括暖灰色和黑色酒精马克笔，水彩颜料在纸面干透以后使用无屑橡皮擦淡远景区域。纸张为 300 克法国康颂牌巴比松 1557，原纸白色，八开规格，中粗纹纹理。绘制总用时约 2 小时 30 分钟。

一、色彩家族因素分析

桃坪羌寨民居群取材于石片和黄泥，因此整体建筑色彩以暖黄色系为主。由于村寨土地有限和防御要求，无论是水平方向还是垂直方向，整个羌寨民居群呈现高度密集的状态。所以，画面中的暖黄色系不仅面积大，还基本集中在画心区域（图 8-2）。由于桃坪羌寨民居群位于日晒强烈的高原地区，建筑明暗关系强烈，在大面积的暖黄色系色彩中适当穿插了紫、蓝等冷色系。在天空和山体等画面背景处，不仅要保持蓝、绿等冷色系色彩的表达，还要适当降低这类色彩的明度，控制在降低 1～2 个明度的范围内。

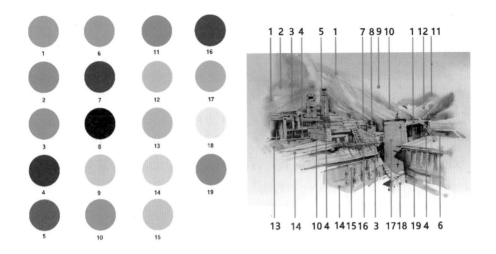

图 8-2 主要色块分析

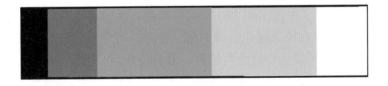

图 8-3 明度对比

在色彩三要素中，这幅作品选择了纯度基本相同这一项，色相和明度保持差异性，主要色块对比如图 8-4 所示。

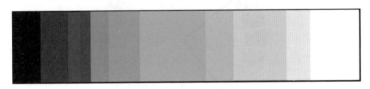

图 8-4 主要色块对比

这幅作品的色彩纯度基本相同，纯度的相同体现在多色上，几乎所有色彩都被灰度调和，饱和度比较低，尤其是低纯度的黄色系列几乎占据画面 1/3 的面积，整幅画因为纯度的降低而产生一种整体感，不可分割、浑然天成，这也与羌寨的创建初衷相符合。这幅作品的色相差异性表现为色相法的丰富性，在色相环中跨度270度，包括两种互补色系列：红色与绿色、黄色与紫色，这是属于最大跨度色相阶层，以黄色、褐色为主，加入少许紫色、绿色。由于作者刻意强调实景物体的边缘，六个主色之间的边界十分明确，这种明确的边界使这幅画面呈现羌寨更为冷冽坚固的氛围。这幅作品的明度差异性不仅体现在单色上，也体现在多色上。在单色方面，黄色、褐色和蓝色这些单色都有本身的明度差异。黄色系列的明度差异表现在4号色、14号色和15号色上；褐色系列的明度差异表现在3号色、5号色、8号色、13号色、14号色、17号色、18号色和19号色上。在多色方面，画面中各种色彩组合成一系列有明显差异的画面整体明度。明度从高到低排列依次是白色、黄色、红色、绿色、褐色和黑色，明度阶层非常明显，明度跨度饱满有序。

二、色彩秩序原则分析

（一）色相的色彩秩序分析

这幅作品选择了在色相环270度角内取色，并作类似色相梯度秩序（图8-5）。主色一共有六种：绿色、绿黄色、橙色、红色、紫红色和蓝紫色。其中，包括两种互补色关系：红色与绿色、橙色与紫色。每种主色之间都相隔两色，相隔距离均等，因此虽然这幅作品的色相跨度比较大，但是整体色相的色彩秩序很规整，色相关系平衡。

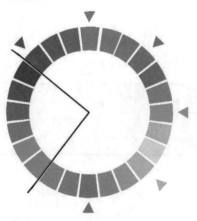

图8-5 色相的色彩秩序分析

（二）明度的色彩秩序分析

这幅作品色彩明度主要集中在民居建筑的暖黄色系。所以，本节选取 3 号色、5 号色、8 号色、13 号色、14 号色、17 号色、18 号色、19 号色作为分析对象（图 8-6）。

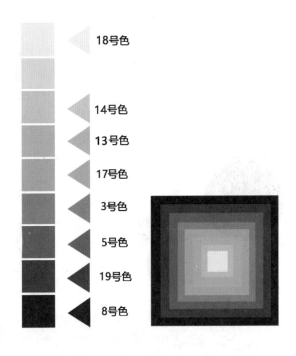

图 8-6　明度的色彩秩序分析

从图 8-6 可以看出，在这幅作品中，暖黄色系色彩不仅占有绝对主要地位，其明度还决定了画面中的色彩分布。其明度色彩秩序跨度非常大，跨满 9 个明度，呈现相等梯度分布，从高纯度至低明度排序分别是第 1 度（18 号色）、第 3 度（14 号色）、第 4 度（13 号色）、第 5 度（17 号色）、第 6 度（3 号色）、第 7 度（5 号色）、第 8 度（19 号色）、第 9 度（8 号色）。呈现相等梯度分布，并且 8 个色是彼此相邻的状态，2 个色只相差 1 个梯度。明度的色彩秩序差异表现如下：①包含极端纯度，即第 1 度和第 9 度；②明度梯度的差异性极小；③色彩明度主要集中在中、低纯度梯度内。所以，画面色彩明度相对统一，明度对比强烈，整体色彩明度渐变关系比较细腻。

第三节　色彩氛围

一、面积比例

这幅作品的暖色系色彩所占画面面积比例最大，占到整幅画面 80% 以上（图 8-7），无论是主景的民居群还是配景的门窗、粮物等，都属于暖色系。在 19 个主色块中，只有 1 号色、9 号色、11 号色属于冷色系，在画面中处于远景和阴影部分。桃坪地处岷山地区，地理环境险峻、荒芜，暖色系的民居色彩自然也从属于这个地理环境色彩，形成统一和谐的画面。

图 8-7　色彩面积分析

整幅画呈现的色彩饱和度不高、明度跨度很大，不仅单色跨满了 9 个明度，整体画面的明度跨度也很大，从黄色到紫色，即跨满了 360 度色相环。为了体现远近民居对比和碉楼的构图中心性，作者把近处民居及装饰物的色彩纯度大幅提高，把中景碉楼的纯度稍稍压低，从而拉大了整幅画面色彩搭配对比度；而远景山川所占画面面积比较大，作者将其处理成为暖色倾向的低纯度绿色，不仅能够平衡中近景大面积的黄色，还能体现山川的荒凉感。

色彩个性分析方面，这幅作品中的民居群均取材于当地的石片和黄泥，因此整体建筑色彩以黄色系为主。由于地处高原，紫外线强烈，事物本身的冷暖对比很大，因此冷色投影也很明显。这幅作品中最主要的色彩是黄色、绿色和紫色。

（一）黄色

这幅作品中的黄色主要分布在民居（包括其墙体、门窗和屋顶）和远景山川区域，分深黄色（如 2 号色、4 号色、5 号色）和浅黄色（如 10 号色、13 号色、15 号色、17 号色）两大类，其中浅黄色占更大的画面面积比例。前、中景以浅黄色为主，纯度比较高，明度比较高，以少许深黄色为辅助色，以体现民居背光面和投影；远景以深黄色为主，纯度比较低，明度比较低。画面中黄色出现的原因有三个：第一，寨子民居本身的建造材料是石片和黄土，其本身固有色就是黄色；第二，民居的木质门窗和建筑装饰物；第三，寨子居民的晾晒物品，如玉米、柴火和灯笼等。

在这幅作品中，黄色意味着神圣、光明和安全感等。神圣代表着羌族的宗教信仰，羌族人民本身喜爱黄色，并且把黄色列为吉祥色；光明代表着高原强烈的日照状态；安全感则意味着建筑给居民的保护意义。因为寨子本身的色彩相对比较单调，周边环境色也不丰富，所以作者有意在黄色的基础上稍稍强调环境色影响，如红色、蓝色、绿色等，使画面的黄色色块更有视觉丰富感和细节意义。

（二）绿色

这幅作品中的绿色主要分布在远景的山川区域，即 1 号色。虽然是带有植被的山川，但是西部高原的山川并不同于东部地区的山川，前者更苍茫、浑厚和粗糙，没有多变的绿色色相，也没有细腻的变化层次，这种独特的美感使这幅作品中的绿色具有其独特的表现理念，其所占画面面积比例比较大，几乎占据整个画面的1/3，但是因为其色相单一、纯度很低，所以并不突兀，也不具有压迫感。

在这幅作品中，绿色意味着自然、苍茫和稳定等。自然和苍茫代表着山川中单薄但蔓延宽广的植被；稳定代表着山川的视觉力量，以及作为寨子地理背景的支撑和防卫性作用。

（三）紫色

这幅作品中的紫色主要分布在寨子民居群的投影区域，分暖紫色（如 7

号色、16号色）和灰紫色（如11号色）两大类，其中暖紫色占更大的画面面积比例。前、中景以暖紫色为主，纯度比较高，明度比较高，以体现民居投影为主；远景为灰紫色，纯度非常低，明度比较低。画面中紫色出现的原因有两个：第一，寨子民居和建筑装饰物的投影；第二，山川的背光面，以及受到高原稀薄空气所影响的视觉通透性。

在这幅作品中，紫色意味着阴影、冷和含蓄等。阴影代表各个景物在强烈日照条件下的鲜明投影，而投影区域往往比受光面的温度更低；含蓄代表着高原空气稀释了山川背光面的投影视觉，使其视觉冲击力没有那么强烈。

另外，这幅作品中除了上述三种色彩外，还有灰色和黑色等无情色彩。灰色在这幅作品中体现了很重要的调整性作用，色彩虽然微妙，但是穿插于各种物体形态中，积极调和了大跨度的明度对比。黑色在这幅作品中出现在各类投影区域中，因为强烈的日照条件，作者有意加入黑色以体现这种强烈感。

二、色块聚散度

这幅作品的色块聚散度分为两大部分：暖黄色系色块和冷色系色块。因为桃坪羌寨民居群的防御性特征，整个村落平面布局错综复杂、紧密相连，碉楼高度远高于庄房高度，所以色块聚散度不仅应在画面长度上（庄房区）呈现非常集中的状态，在宽度上（碉楼区）也有所体现。暖黄色系色块聚散度非常高，非常集中；冷色系色块聚散度比较低，比较分散。在这幅作品中，暖黄色系色块为图，冷色系色块为底。

这幅作品体现的是少数民族题材，性格刚烈，再加上高原山区的深秋风景，气氛肃杀苍茫。画面内容比较复杂，寨子民居群的固有色明暗对比强烈，并且每一类民居的高度差异很大、参差不齐。色块分布呈现零零碎碎、密密麻麻的状态，色彩与色彩之间边缘的边界数量很多。所以，作者在三类色块聚散度中选择了强烈对比的方法，即明度对比。明度对比体现在无论是单色的明度，还是整体画面中所有色彩的总明度，其对比跨度都非常大，并对周边色彩都产生了明显影响。为了进一步增强对比效果，使冷暖色块黑白色块相邻，且密集排列，形成黄色的单色明度对比、黄紫的明度对比和黑白对比的强烈效果。

三、构图改变

（一）横向轴线

为了体现山川与寨子的依存关系，把重点民居群和碉楼放在画面下方 2/3 横向轴线附近，上下不超过 1/4 幅度，并且把更具研究亮点的民居群放在横向轴线的下方 1/4 部分，以形成画面稳定感，平衡画面的中景和近景的视觉冲击力，不与远景山川相冲突。

（二）主观改变

为了保证表现出参差不齐的寨子民居群，作者对这幅作品的虚实关系做出了主观改变：虚化远景的山川区域，降低其色彩的纯度和明度，把山体形态简化并提升到画面上方轴线；中景的山川与民居群强调各色块的边界数量，把实景中复杂内容保留在中景区域，即画面下方 2/3 横向轴线附近，而适当虚化画面左右边角的实景内容。

（三）色块明度

民居群和碉楼的明度普遍比较高，并且都在画面 2/3 横向轴线附近，同时把明度对比强烈的各色块分布在这个区域。

第四节　小结

桃坪羌寨民居群是我国防御性民居的特色代表之一，同时是西南地区的民居代表之一，其以石片为原料、以黄泥为黏合剂的建造方法独树一帜。无论是碉楼建筑还是庄房建筑，都体现了防御性特征，造型凌厉简洁色彩统一单纯，整个村落布局错综复杂，每栋民居都几乎相通，村落主干道和主要民居室内都设有水暗道，并与村外的水明道相连。路网、水网和民居建筑共同构成相当完善的防御性系统，并且十分坚固，因此羌寨虽历经千年，但仍安度历史上多次地震和战争，至今依然宜居。

在色彩和谐方面，整幅画面呈现以暖黄色为主的状态。色彩家族因素中，画面选择纯度基本相同，色相和明度不尽相同。但在远近景处理方面还是稍作主观处理，如远景和近景的暖黄色，远景降低了 1 个明度。色相的色彩秩序控制在色相环 270 度角以内，并呈现类似色相梯度秩序。其明度色彩秩序跨度非常大，呈现相等梯度分布，明度对比强烈，整体色彩明度渐变关系比较细腻。

在色彩氛围方面，同属暖黄色系的建筑色占有画面大部分面积。这幅作品的色块聚散度分为两大部分：暖黄色系色块和冷色系色块。色块聚集度在画面长度上（庄房区）呈现非常集中的状态，在宽度上（碉楼区）也有所体现。暖黄色系色块聚散度高且集中，冷色系色块聚散度低且分散。在这幅作品中，暖黄色系色块为图，冷色系色块为底，画面色块图底关系分明。

第九章　个案研究：广东省兴宁市磐安围

（a）

（b）

图 9-1　磐安围

第一节　建筑色彩和整体概析

一、建筑色彩分析

本章中的磐安围属于客家围龙屋的体系，是客家人文化的物质象征。磐安围是研究汉族与当地民族历史融合的重要实物样本，虽然建筑造型比较单一，但是功能多样且实用。

磐安围的色彩主要体现在建筑屋顶、门窗和墙身部位，整体色彩比较单纯、高度和谐，整体呈中性偏暖的色彩倾向。①建筑群体的主色为无纯度灰色（N）系和暖色（R）系，明度值分布在 1～9，属全跨度明度区段，呈现强对比；纯度值集中在 1～2，属于极端纯度区段。②门窗、梁柱的主色为红色（R）系，明度值主要分布在 7～9，属于低明度区段，呈现弱对比；纯度主要分布在 1～2，属于极纯度区段，呈现弱对比（表 9-1）。

磐安围色彩分析

	冷暖倾向	色　系	明　度		纯　度	
建筑群体	中性、暖色	N、R	强对比	1～9	弱对比	1～2
门窗、梁柱	暖色	R	弱对比	1～9	弱对比	1～2

二、建筑整体概析

广东的自然气候、地理环境、人文习俗和社会进展等形成了以广府、潮汕、客家建筑文化三类体系为主的岭南民居特色。其中，客家围龙屋与北京四合院、广西干栏建筑、云南一颗印、陕西窑洞合称中国五大传统住宅建筑形式。客家围龙屋历史悠久，其发明者客家人是汉民族系统的一个分支，以客家方言为主要语言媒介，并以共同的生活方式、文化信仰、价值观念和心理素质紧密结合的社会群体。客家人具有以下六个特征：①客家与古中原文化一脉相承，具有强烈的宗法礼制观念和历史地缘意识，注重名望门阀、族谱宗祠等；②客家人有强烈的怀恋中原家乡的意识，大家以共同的文化习俗和价值观念作为连接纽带共同生活，具有极强的地域性和排外性；③客家人特别强调宗族等级意识，注重伦理道德，强调"敬宗收族"；④客家人喜爱家族聚居的居住形态，不仅设有族长，还建立了严密的村社组织，以维护乡土社会的和谐秩序；⑤客家人看重文化礼教，强调耕读传家，重视子弟的文化教育和礼法传承；⑥客家人强调儒家正统观念，重视儒家礼仪道德，对佛教、道教等观念则不甚重视。这与唐宋时期中原人民为避战乱南迁到岭南后，不时与当地人发生的"土""客"之争有密切关系。客家人为了适应当地环境，创造了这种能集群聚居、抵御外敌的民居建筑群。作为客家建筑重要代表之一，围龙屋建筑设计具有强烈的防御性特征，围龙屋层层叠叠，有盘龙之状。

通常，围龙屋的选址都遵循共同的原则，除了以宗族姓氏聚集而成之外，还有以下三个原则。

（1）近山。沿坡近山建设村落，前低后高。一方面，不占用耕地面积；另一方面，围龙屋建于山阳，朝向好，阳光充足，排水、通风条件优良，冬季可避免受寒潮的直接袭击。

（2）近田。村落近田的目的是便于村民耕作和保护粮物。再加上客家人多居于山区，耕地本来就少，所以都在田边沿坡之地建设村落。

（3）近水。水是村民生活的命脉。在没有自来水管和防卫需求强烈的时代，用水安全是非常重要的。因此，客家人把村址布置在河流、溪流和湖塘等附近。如果没有办法取得自然水源，则利用人工在村内或者宅院低洼之处挖凿水井或者水塘以获取饮用水，或者再加上蓄水、排水、养鱼等功能。当地将这种现象称为"四水归堂（塘）"。

另外，我国的传统村落选址还有一些习惯，如近交通、近宗祠等。但是，由于围龙屋属于外来迁居性质的民居，以及对低调防卫要求很高，所以并不遵循上述原则。

围龙屋的空间组合形式基本一致，属于高度集居式民居，它分为前后两大部分，前半部分是堂屋与横屋的组群，后半部分是半圆形或者直形的住宅、厨房或者杂物间，多称为"围屋"。正中间的房间称为"龙厅"，是祭神的神圣场所，其余房间称为"围间"。半圆形围屋内部的房间通常是扇面形。围龙屋以前半部分的堂屋为中心，或者一堂屋即单门楼，或者二堂屋、三堂屋，然后在其两侧横向布置横屋。横屋的数量不定，以家族人口数量而定，但一定是遵循中心对称的布置原则。围屋的数量与横屋相呼应，以平面布局完整对称为原则。

堂屋是围龙屋的构图中心，最简单的是二堂，一般为三堂。三堂是指整体中轴线进大门后的下堂、中堂和上堂，又称为"三进"或者"三串"。三堂的大门朝向围龙屋正大门而开。下堂为门厅，设有影壁或者屏风；中堂为大厅，面积通常大于上、下堂，是家族商议和举办重要活动的公共空间；上堂为祖堂，设有神龛和祖宗牌位以供祭祀。上堂和下堂也设有屏风。在上堂和下堂两侧设有卧室，中堂天井两侧设有花厅或者卧室，堂与堂之间以天井相隔。

横屋是围龙屋内纵向排列并且房门对着堂屋的房间，在堂屋的两侧对称而设。堂屋与横屋之间以天井相隔，横屋与横屋之间以过廊相连。横屋的长度视其长短而设花厅。横屋与堂屋、围屋之间的半月形斜坡地称为"花头"，通常在地面上镶嵌鹅卵石，便于晾晒物品和排水。

在围龙屋大门的正前方，通常有长方形的晒禾坪，用于晾晒谷物或者举办大型活动。晒禾坪前方有低矮的照墙和半月形的池塘，称为"月池"或者"泮池"，多为人工凿挖，用于蓄水、养鱼、灌溉和消防。

本章所绘的客家围龙屋名为"磐安围"，位于广东省兴宁市叶塘镇河西村麻岭顶东麓，由刘氏十七世于1895年兴建。磐安围坐西向东，总面阔105.2米，总进深53.6米，建筑占地面积5060平方米。磐安围由一座弧形的围屋像城堡似的将主体住宅和宗祠包围。围龙屋内布局是"三堂四横"：围龙屋前半部分有进深3座高堂，分别以天井和影壁隔开；总体横向是4排住宅和过廊，分别错落有致地排开，有住宅房间近122间，可以同时住几代人数十户；围龙屋最后一排是长长的枕头屋。围龙屋四周建有三层楼高的角楼，角楼最高处设有瞭望孔、炮眼和暗枪孔，防御功能特征鲜明。中轴线建筑是方形宗祠厅堂，厅与厅之间以天井相隔，这类天井计21个。厅堂两边有南北厅、书斋、厢房、花厅、卧室、厨房、卫浴场所等。整个围龙屋两边有附属建筑群，是碓间、牛马猪栏间、杂物间、卫生间等。围龙屋后引山泉，进入围龙屋内后采用陶瓷材质的暗井和暗水道。整个围龙屋背靠山坡而建，面向一个半圆形月池和一个方形晒禾坪，在门前晒禾坪周围砌筑高高的围墙，在其两端开设一个大门，称之为"斗门"，整体呈现前低后高、整体椭圆形的阶梯态势，也像太师椅，象征四平八稳、官运亨通，坐落在山麓上稳定牢靠，民居形态与山形配合相宜，前低后高很有气势，半圆形与长方形结合错落有致。构图上，前方的半圆形月池与后方半圆形的围屋遥相呼应，一高一低，前水后山，变化有致，并且十分协调。根据阴阳五行之说，圆形朝前，基地方正，视为大吉。月池与花头相搭配成为"天圆"，堂屋和横屋体现着"地方"；月池地陷属阴，花头高昂属阳。这样，整个磐安围，即月池、晒禾坪、堂屋、横屋、围屋与花头围合而成一个严谨的组合群，再加上围龙屋周边的山水环境，符合传统文化审美和价值观念，体现客家人在追求一种人与自然和谐统一、天人合一的优越生活环境。

磐安围的墙体基本是由三合土反复锻打而成的，在土中掺入石灰，用糯米和鸡蛋清、红糖做黏合剂，最外层墙体用灰沙、黏土和卵石夯实。所有墙体以竹木材料做筋骨，因此其抗压和抗拉抗剪度性能很强。屋顶是南方民居常见的小青瓦硬山顶。屋内的柱子采用当时少见的优质石料，均从江西、五华等地水运而来。所有的窗户开得高且小，显得壁垒森严。

磐安围意为"坚如磐石，安居乐业"，大门有一副对联："磐石奠基业，安定居鸿图。"客家人把这种美好意愿完美融入了围龙屋这种民居形式中，把生活起居、劳作辅助和战时防御三者功能进行统一，同时各部分互不干扰。磐安围是十分优秀的防御型民居代表之一，2009 年被评为兴宁市十大古民居，2010 年被定为广东省重点文物保护单位。

第二节　色彩和谐

图 9-1 这幅作品采用了广东省兴宁市叶塘镇磐安围的鸟瞰角度，采用绝对中心对称轴线，拍照时间是春夏交替时节的上午。所用颜料为俄罗斯白夜牌艺术级固体水彩，包括德国辉柏嘉牌水溶性白色、黄色彩铅。纸张为中国宝虹牌水彩纸 300 克，中白色，4 开规格，细纹纹理。绘制总用时约 3 小时。

一、色彩家族因素分析

磐安围整体建筑色彩非常简单，主景是黑灰色系的屋顶、暖白色系的墙体和暖灰色系的地面，这些都是接近无情色的色彩基础。在鸟瞰图的角度下，画面中有重要的配景：近景的蓝色系月池、深绿色系田地和远景的浅绿色系山体、蓝色系天空，这些配景在主景的影响色下，都已经带有灰色倾向（图9-2）。所以，整体画面保持灰色系。因此，在色彩家族因素中，图 9-3 这幅作品选择了纯度基本相同这一项，色相和明度保持差异性。主要色块对比如图9-4 所示。

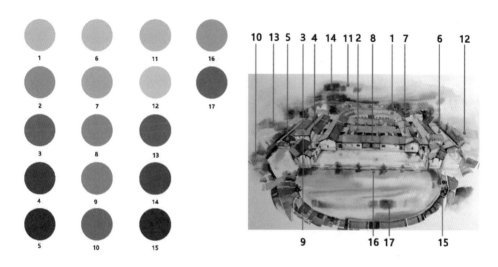

图 9-2　主要色块分析

图 9-3　明度对比

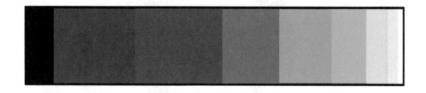

图 9-4　主要色块对比

　　这幅作品的色彩纯度基本相同，画面中绝大多数色彩被中灰度调和，饱和度都比较低，表现出温和低调的观感，整体画面中磐安围因为各种色彩纯度的近似而产生一种和谐感，这是符合磐安围本身的建筑气质的。这幅作品的色相差异性表现在色相环跨度接近180度，包括一种对比色系列：橙色与蓝色，属于大跨度色相阶层，以褐色、黄色和灰色为主，加入少许绿色和蓝色。这幅作品的明度差异性不仅体现在单色上，也体现在多色上。在单色方面，灰色、褐色和绿色这些单色都有本身的明度差异。灰色系列的明度差异表现在 1 号色、2 号色、3 号色、4 号色和 5 号色上；褐色系列的明度差异表现在 6 号色、7 号色、8 号色、9 号色和 10 号色上；绿色系列的明度差异表现在 12 号、13 号色、14 号色和 15 号色上。在多色方面，画面中各种色彩组合成一系列有明显差异的画面整体明度。明度从高到低排列依次是白色、绿色、灰色、黄色、褐色和黑色，明度阶层非常明显，明度跨度饱满有序。

二、色彩秩序原则分析

（一）色相的色彩秩序分析

这幅作品选择了在色相环 190 度角内取色，并作类似色相梯度秩序（图 9-5）。主色一共有七种：深蓝色、蓝色、蓝绿色、绿蓝色、绿色、绿黄色和橙色。其中，包括一种对比色关系：橙色与蓝色。每种主色之间的相隔色彩数量并不均均等：深蓝色与蓝色之间相隔一色，蓝色与蓝绿色之间相隔一色，蓝绿色与绿蓝色相邻；绿蓝色与绿色之间相隔两色，绿色与橙色之间相隔一色。因此，虽然这幅作品的色相跨度比较大，整体色相的色彩秩序比较活泼，相隔色的数量在 1 ～ 2 色变化，但是整体上还是保持了一定程度上的色相关系平衡。

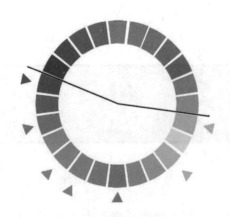

图 9-5　色相的色彩秩序分析

（二）明度的色彩秩序分析

这幅作品整体是淡雅的典型南方民居常见色彩，以黑白色系的无情色为主，并给天空、山体、水体、田野等配景以灰色系的环境影响色。在整体画面呈现的灰色调中，带有偏绿、偏蓝、偏黄等色彩倾向。色彩明度主要集中在民居建筑屋顶的黑灰色系。所以，本节选取 1 号色、2 号色、3 号色、4 号色、5 号色作为分析对象（图 9-6）。

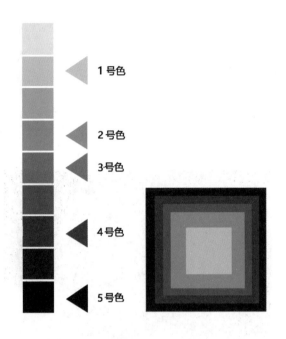

图 9-6　明度的色彩秩序分析

从图 9-6 可以看出，在这幅作品中，黑灰色系色彩不仅占有绝对主要地位，其明度梯度还决定了画面色彩分布。其明度色彩秩序跨度非常大，在 9 个跨度量中已经包括在 8 个跨度内，从高纯度至低纯度排序分别是第 2 度（1 号色）、第 4 度（2 号色）、第 5 度（3 号色）、第 7 度（4 号色）、第 9 度（5 号色）。呈现非相等梯度分布，并且 2 号色和 3 号色彼此相邻，没有相隔色。纯度的色彩秩序差异表现如下：①未包含最高的极端纯度，即第 1 度，但是包含了最低的极端纯度，即第 9 度；②纯度梯度的差异性比较小；③色彩纯度主要集中在中、低纯度梯度内。所以，画面色彩明度对比强烈，整体色彩明度渐变关系比较粗放。

第三节　色彩氛围

一、面积比例

这幅作品的暖色系色彩所占画面面积比例最大，占到整幅画面 70% 以上（图 9-7），无论是主景的民居屋顶、墙体、门扇还是配景的田地、山体等，都属于暖色系。在 17 个主色块中，只有 14 号色、15 号色、16 号色、17 号色属于冷灰色系，在画面中表现水体、天空和阴影部分。

图 9-7　色彩面积分析

整个画面呈现的色彩饱和度不高，纯度基本相同，因此从明度对比方面进行考虑。为了体现中景的堂屋和横屋的构图中心重要性、推远远景围屋和树林，作者把中景的明度对比跨度大幅提高，从而拉大了整幅画面明度搭配对比度；而远处的围屋和树林占画面面积大，弥补了其低纯度的缺陷，从而使整个画面表现力度更为均衡。

色彩个性分析方面：磐安围属于防御性很强的聚居式民居群组，这决定了其建筑色彩总体呈偏灰色，在整体灰色中体现微妙的色彩倾向。这幅作品中最主要的色彩是褐色、黄色、黑色和白色。

（一）褐色

这幅作品中的褐色主要分布在磐安围的屋顶、门窗背光面和投影区域，褐色分暖褐色（如 10 号色）和冷褐色（如 3 号色、9 号色）两大类，其中暖褐色占更大的比例。中景以暖褐色为主，纯度比较高，明度比较低；远景以冷褐色为主，纯度比较低，明度比较高。画面中褐色出现的原因有三个：第一，磐安围屋顶覆盖有褐色土瓦或者橙色土瓦在朝阳映射下的偏暖色状态；第二，磐安围的木质门窗；第三，一些土地或者地面的投影区域。

这幅作品中的褐色意味着传统和乡土意义。土瓦是磐安围使用最多的屋面铺设材料，由当地工匠取材于当地泥土制作而成，木质门窗也是取材于当地木材，这些都体现了一种传统审美和乡土意义。

（二）黄色

这幅作品中的黄色主要分布在磐安围的屋顶和墙体的受光面区域，以及树林区域，黄色分暖黄色（如 6 号色、7 号色）和冷黄色（如 12 号色）两大类，其中暖黄色占比较大。中景以暖黄色为主，纯度比较低，明度比较高；冷黄色主要在近景和中景，以黄绿色为主，纯度比较高，明度比较高。画面中黄色出现的原因有两个：第一，磐安围屋顶覆盖有褐色土瓦的背光面；第二，磐安围左右两端的树林区域。

这幅作品中的黄色意味着传统、光明和生命力。传统的含义与褐色是一样的；光明是因为这种黄色来源于太阳的照射，为原本是白色、黄色的屋顶和墙体增添了难得的光明感。生命力是因为大自然的绿色为民居建筑增添了灵动感和生命力，不规则的树林形态为规则的民居形态增添了柔软感。另外，为了提高整幅画面的纯度对比，作者提高了黄绿色的纯度，以取得整体画面的纯度对比平衡。

（三）黑色

这幅作品中的黑色主要分布在各类形态的背光面和投影区域，为 5 号色。画面中黑色出现的原因有两个：第一，整幅画面中明度最低、明暗对比最强烈的区域，如民居屋顶正脊等；第二，投影区域的明暗交界线区域，如民居屋檐下方、树林投影边界等。

这幅作品中的黑色意味着黑暗和虚空。黑暗是源于光明的对比，民居建筑的稳定感也是来自黑色。虚空是源于投影所给人的空间缺失感，以及投影中可能存在的不确定性和形态模糊性。

（四）白色

这幅作品中的白色主要分布在磐安围民居墙体和道路的白色固有色区域，为水彩纸本身的白色纸面。画面中白色出现的原因有两个：第一，民居本身的白色墙面，通常由白石灰饰面，并且极少受到环境色影响；第二，磐安围内部的水泥道路，在太阳光直接照射下显得极白。

这幅作品中的白色意味着留白的轻松。为了衬托黑色和黄色的表现力度，提高整幅画面的纯度对比跨度，迎合客家建筑本身的朴素低调气质，在这幅作品中大面积留出白色是非常必要的。

另外，这幅作品中除了上述四种色彩外，还有绿色、灰色和蓝色等色彩。绿色主要分布在远景的树林区域，稍作深浅明度之分。灰色在这幅作品中主要分布在磐安围的墙体和道路区域，体现了很重要的调节性作用，色彩虽然微妙，但是穿插于各种物体形态中，积极调和了大跨度的明度对比。蓝色主要分布在前景的月池区域，因为受到民居和天空的环境色影响，呈现深灰蓝色和浅灰蓝色。

二、色块聚散度

磐安围属于典型的防御型客家民居，围屋各部分结合紧密、彼此相连，而且画面构图属于鸟瞰角度，屋顶所占面积较大，所以画面采用一点透视角度。

这幅作品的色块聚散度分两大部分：黑黄灰系色块和蓝绿灰色系色块。黑黄灰系色块聚散度很高、非常集中，集中在画面竖向轴线全幅度内。蓝绿灰色系色块聚散度比较低、比较分散，这是因为作者主观舍去了原实际场景中本有的远景田地和山体等配景。在这幅作品中，黑黄灰色系色块为图，蓝绿灰色系色块为底。

这幅作品体现的是客家民居的独特建筑风格，采取了绝对化的中心对称角度，客家民居的固有色本身就非常统一，几乎都是白色墙体和土瓦屋顶，彩色建筑装饰非常少。画面内容比较简单：磐安围中各类几何形体的房间，以及周边月池和零碎的树林。色块呈现非常集中的状态，色彩与色彩之间边缘的边界数量很少。所以，作者在三类色块聚散度中选择了弱色彩对比的方法。虽然用色温和，但前景、中景和远景的对比效果非常清晰。

（一）色温对比

这幅作品同时使用了蓝绿灰色系色块（冷色调）和黑黄灰系色块（暖色

调）所产生的色块对比。其中，冷色调包括民居周边的树林区域的黄绿色、月池的灰蓝色等，暖色调包括民居屋顶的褐色和黄色、民居墙体的浅黄色、近景田地的暖绿色等。画面中出现了黄色系列和蓝色系列，这两个系列的色温对比强烈，但是由于降低了它们的纯度，整体画面色温对比都比较温和，冷暖趋向变化比较缓和。

（二）纯度对比

白夜牌水彩颜料的特点是颜色沉稳，表达稳定，非常适合表达低调保守的建筑题材。为了营造出弱对比的效果，作者主观降低了整幅画面色彩的纯度对比，尤其是在实景中本身比较突兀的区域，如远景的屋顶背光面，尽力保持近、中、远景的色彩聚散度一致性。在近景的月池和田地区域，水彩颜料浓度非常高，除了在必要的湿画区域加入水分之外，几乎没有加水；在中景的横屋和堂屋及各自投影区域，水彩颜料浓度很高，水量较少；在远景的围屋和树林及各自投影区域，几乎以湿画法铺开，水彩颜料浓度很低，颜料与清水的调和比率大概为 1 ：3。

三、构图改变

（一）横向轴线

把重点民居群放在画面上方 1/3 横向轴线附近，上下不超过 1/4 幅度，并且把堂屋和横屋这类重要空间布置在绝对的轴线上，无论是横向轴线还是竖向轴线，都显得颇为正统和稳定，符合客家建筑的儒家价值观念。

（二）主观改变

为了保证能够表现出磐安围的主体地位，拉长整个磐安围的进深感，这幅作品在构图上做出了主观改变：极力虚化远景的树林，省略远景的天空和云彩；把前景的月池和田地区域稍稍椭圆化，把椭圆的端点位置朝观众方向稍稍拉长，将正前方的田地几何化，与左右两端的田地形成从中心至两端的导向线，把视线引导至画面中心的磐安围。

（三）色块明度

堂屋和横屋的明度普遍比较高，并且都在横向轴线附近。围屋和月池的明度较低，周边的树林、投影和道路等元素色块的明度都作了相应的降低。

第四节　小结

历史悠久的磐安围是我国防御性客家民居的特色代表之一，同时是中国五大传统住宅建筑之一，其建筑各部分层叠盘龙之态也是围龙屋名称的来源。磐安围屋内布局是"三堂四横"，兼设角楼和宗祠。整个磐安围不仅有建筑，还有月池和晒禾坪，呈现前低后高、整体圆形的阶梯态势。磐安围的墙体用多种材料制成，具有高强度的特点。屋顶形式是小青瓦硬山顶，柱子多为石材。

在色彩和谐方面，整幅画面呈现以黑灰色系、黄灰色系为主的状态。色彩家族因素中，画面选择纯度基本相同，色相和明度不尽相同。色相的色彩秩序控制在色相环190度角以内，并呈现类似色相梯度秩序。其明度梯度跨度非常大，呈现非相等梯度分布，画面色彩明度对比强烈，整体色彩明度渐变关系比较粗放。

在色彩氛围方面，同属黑灰色系、黄灰色系的色彩占据画面的大部分面积。这幅作品的色块聚散度分为两大部分：黑黄灰系色块和蓝绿灰色系色块。黑黄灰系色块聚散度很高、非常集中，蓝绿色系色块聚散度比较低、比较分散。在这幅作品中，黑黄色系色块为图，蓝绿色系色块为底，画面色块图底关系分明。

第十章 个案研究：广东省新丰县某清代民居檐柱

（a）

（b）

图 10-1　清代民居檐柱

第一节　建筑色彩和整体概析

一、建筑色彩分析

本章表达的主题比较简单，色彩主要体现在建筑屋顶、梁柱和墙身部位，整体色彩源于青砖和木材两种建筑材料，色彩单纯，冲突感明显，整体呈冷暖共存的色彩倾向。①屋顶和梁柱的主色为暖色（R）系，明度值分布在 4～6，属中明度区段，呈现弱对比；纯度值集中在 1～9，属于全跨度纯度区段。②墙身的主色为蓝色（B）系，明度值主要分布在 4～6，属于中明度区段，呈现弱对比；纯度主要分布在 6～9，属于中低纯度区段，呈现中对比（表10-1）。

表10-1　某清代民居檐柱色彩分析

	冷暖倾向	色　系	明　度		纯　度	
屋顶和梁柱	暖色	R	弱对比	4～6	强对比	1～9
墙身	冷色	B	弱对比	4～6	中对比	6～9

二、建筑整体概析

广东并不是我国最早开化的地区，建筑文化也是如此，广东民居最早的形式并没有实物遗存，史书记载也不多见，但从广州近郊出土的汉代墓葬明器中，可以看出广东民居的起源和变化。广东民居早期为干栏式建筑，逐渐发展成合院式，还存在穿斗式结构。从明清时期开始，随着沿海经济的逐渐繁荣，外来文化最早被广东一带的人们接受，并与建筑文化密切相融，形成了颇具特色的广东建筑文化，以广府、客家、潮汕三大民系民居为代表。这些民居的形式和结构都是同岭南地区的气候、地理等条件息息相关的。由于广东民居用料简单，使用频率很高，再加上历史上战乱和自然灾害频繁，民居的寿命不长，超过两三百年的民居非常罕见，现存比较完整的都是一百余年的清代民居。由于历史、地理或者其他原因，广东各地区和各民族的经济发展不平衡，这些民居的规模相差非常大，富裕者连屋数十间，贫困者只得单间而已。但总的来说，在相同的自然条件和风俗习惯影响下，各地区和各民族的民居有很多的共同点。一是受宗法观念和礼制等级的影响，民居大多同族聚集建造，形成以宗祠、会厅、私塾为活动中心的群宅布局方式，而各个民居内部则强调尊卑有别、主次分明和对称布局。二是风水意识和阶级思想对民居的平面布局、大门位置、主屋朝向，甚至民居开间进深尺寸都有硬性规定。重要房屋的方位、大门朝向等通常要由风水先生来决定，大型宅第还得按统治阶级的意图来建造。三是建筑材料对民居影响非常大。广东民居所用建筑材料有石、木、砖、瓦等。其中，木材品种多为松、楠、杉、樟、桉等，梁枋屋架的木材多为整条实木；石材取材于当地山川，材质比北方石材稍软；因为广东本土的烧砖制陶技术很高，所以青砖的质量很好，琉璃构件的烧制成就也很高。综上所述，经济水平、宗法观念和礼制等级等因素，对民居的类型、布局、规模起到主要作用，建造工艺和建筑细节则保证了民居落成和风格、外形的变化，因此本章主要对广东民居的檐柱细节和建筑装饰进行介绍。

在本书中，清代民居是指清代时期的民居建筑。这一时期的建筑大体因袭明代传统，有一定的发展和创新，遵从等级特征，更崇尚工巧华丽。受当时木材资源日渐匮乏的影响，匠人对传统木构架设计进行改造，逐步扩大了砖石材料的应用范围，木、砖、石的材料搭配方式更显灵活。因此，在民居建筑外观上亦有所改变，建筑的装饰主义开始盛行，石雕、木雕、砖雕技艺在民居建筑上广泛应用。

建筑装饰表现原则：一是实用与艺术相结合，在满足民居功能的基础上进行艺术创造，使功能、结构和建筑材料达到协调统一。例如，提升室内层高和增加装饰能加强防风防火；增加屏风、挂罩等木雕装饰有利于通风采光。木雕装饰结合实用功能在建筑构造上进行雕饰，提高了民居的精巧度。根据不同的部位选择不同的建筑材料，已充分发挥原材料的工艺特点和质感。通常，建筑外观使用石、砖等，檐廊下或者室内多用实木、灰泥等。石材质坚耐磨，适合做受力构件，如柱身、柱础、台阶等，在其表面加以浅浮雕饰。砖是承重材料，防火防潮，在墙面、墀头和照壁等部分用砖雕做重点装饰。木材不仅用于结构用材，也做装饰用材，在外檐和内檐下使用木材施以雕饰，以平衡砖石的生硬感。二是结构与审美相结合，在保证建筑构件实用功能的基础上，在建筑构件端部或者连接处等难以收口的部位进行装饰，达到藏拙的效果。例如，在檐下梁架的挑尖梁头，常常雕刻倒吊莲花或者楚尾，以达到修饰端部的美观效果。三是经济与审美相结合。受经济水平限制，建筑装饰既要有艺术表现力，又要符合经济节约的原则。艺术装饰一般布置在人们视线最集中的区域，本章所讲的民居大门入口就是如此，檐板、梁枋、墀头、屋脊等成为民居外观装饰重点部位，装饰题材、用料、色彩和尺度都采用了当时等级最高的艺术表现手法。

廊檐是柱廊梁架的出檐部分，檐廊梁架是厅堂梁架向室外延伸的部分，约两步宽。双步梁上用动物纹、驮墩支撑檩条，在民居中是艺术处理的重点部位之一。在构架的细节处理上，无论梁头、瓜柱、驼峰、垂莲、楚尾，雕饰都异常精致。受广东的潮湿多雨气候和传统文化影响，新丰县的这座清代民居采用柱廊来连接厅堂和巷道，其出檐较深，采用穿斗式步架。柱廊采用石柱、石梁、高石础，外墙、墀头、檐下等均采用立体感很强的雕饰，檐柱的雕饰分木雕和石雕两类。木雕髹漆颜色艳丽，石雕质地细腻。地面采用麻石，外墙采用青砖，层高较高且厚实，屋坡陡直。这些设计都能解决通风、散热、防潮等实际问题。

这座民居的檐下木雕体现了当时岭南地区木雕艺术的进一步发展，其特点如下：一是木雕装饰在建筑承重构造中得到更广泛的运用，如梁头、瓜柱等；二是图案花纹的内容普世化，出现大众所熟悉的世俗题材，如寿鹿、莲花、小猪等；三是雕刻工艺技法趋向立体化，出现了镂雕、玲珑雕等多层次的雕刻手法；四是艺术风格有转变，从明代木雕的简洁生动发展到清代木雕的定型化，形象繁丽，倾向表面装饰化。在这座民居中出现了嵌雕这种新类型。嵌雕，在当地称为"钉凹"，是在透雕和浮雕相结合的基础上，向多层次表现的一种雕刻技法。通常的做法是，在构件上雕刻几层立体图案之后，为了使立体感更强，在构件上或钉或嵌已做好的小构件，逐层钉嵌，逐层外凸，然后整体打磨髹漆。在木雕材料方面，这座民居梁枋部分的木材以楠木和樟木为主，因为这些木材质地细密坚硬，雕刻后要用水磨、染色、烫蜡髹漆处理。

这座民居的檐柱是该民居外檐下最外一列支撑屋檐的柱子，用来支撑出挑较深的屋檐。檐柱横截面为方形，柱径较小，与枋、华板、栏杆等结合在一起。外墙檐下边饰线条排列整齐、密集纤细、雕工精湛。这些石雕顶部为木质浮雕斗拱出头，中为主题纹饰图案，上下傍边是边饰图案。其主题内容具有强烈的世俗烟火意义，有吉祥图案和民间传说等，如喜鹊登梅、金玉满堂、如意双喜、福禄（鹿）莲花等。

这座民居的檐下石雕体现出典型的岭南石雕艺术水准，在柱、柱础、梁枋、门槛、栏杆、栏板、台阶上都有大量石雕，石材质量上乘，表面细腻并且色彩明亮，主要采用线刻和突雕两种工艺。线刻即素平雕法，主要出现在柱础、石碑花边等部分。突雕是线刻向深度发展的升级版工艺，这种雕法使雕面上的花草、动物等题材有立体化效果，如凹、翻卷等，一般出现在柱础、台基和勾栏等部分。

广东民居是我国南方地区一支风格特殊的流派，清末开始受到外国风格和工艺的明显影响，细部处理与装饰装修是体现其艺术水准的重要方面之一，使民居呈现简朴与精致相结合的多样风格。其艺术特征是充分利用石、木、砖等建筑材料的质感和现代工艺特点进行艺术加工，同时融合传统色彩、图案等艺术，相互成就，灵活运用，从而取得建筑气质与美感的协调统一。此外，在民居建筑装饰方面还有一个明显的特征，即意匠特征，通过运用我国传统的象征、寓意、暗示和祈望等手法，将民族哲理、宗族伦理、儒家观念等思想和审美意识与民居建筑结合起来，进行普及教育和身份彰显。作者认为这种意匠特征有可能与当地设计者和工匠的教育水平比较高有一定关联，这也是作为经济发达的沿海地区在那个时代的先天优势所在。

第二节　色彩和谐

图 10-1 这幅作品采用了广东省新丰县某清代民居室内檐廊的仰视向上角度。所用颜料为德国史明克牌大师级固体水彩，包括少许白色水粉颜料和黑色酒精马克笔。纸张为中国宝虹牌水彩纸 300 克，中白色，八开规格，细纹纹理。绘制总用时约 1 小时 30 分钟。

一、色彩家族因素分析

这幅作品表达主题相对简单，只限于塑造一个柱廊局部。作者在重现原实际场景的同时，力图表达其岁月厚重的氛围感，以提高画面的丰富程度。主景是檐柱、柱头枋、抱头枋和檩条，次景是青砖外墙、瓦片等。因此，主景是褐色系和冷蓝色系，这两个色系彼此之间都明显受到对方的色彩影响，并不是绝对彼此独立的冷色系和暖色系。次景是深灰蓝色系和灰褐色系，因为次景主要位于民居檐下，并不在受光面区域而显得整体阴暗，色彩偏冷灰感（图10-2）。因此，在色彩家族因素中，这幅作品选择了明度基本相同这一项，色相和纯度保持一定的差异性，主要色块对比如图 10-3 所示。

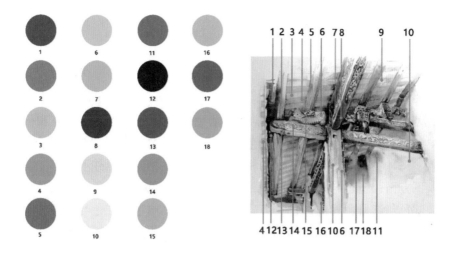

图 10-2 主要色块分析

图 10-3 主要色块对比

　　这幅作品的色彩明度基本相同，大多数色彩为低明度。画面中各种色彩组合成一系列类似的整体画面低明度状态。明度从高到低排列依次是白色、蓝色、黄色、红色、褐色和黑色，明度阶层并不明显，明度跨度比较小。这幅作品的色彩纯度差异性主要体现在单色方面。例如，褐色系列的纯度相同性表现在 1 号色、8 号色、14 号色和 17 号色上；蓝色系列的纯度相同性表现在 10 号色、11 号色、16 号色和 18 号色上；黄色系列的纯度相同性表现在 7 号色和9 号色上。纯度差异性还表现为，大多数色相保持了高度自立，没有被灰度调和，饱和度都比较高，整体画面中的物体表现因为纯度的明确而产生一种冲突感，但因为无情色彩（黑色和灰色）所占画面面积比较大，并且其边缘多聚集在褐色与蓝色的边界处，这种冲突感得到一定程度的缓和。这幅作品的色相差异性表现为主色色相的跨度很大，在色相环跨度 240 度角内，包括一种互补色系列：橙色与蓝色，以褐色、蓝色为主，加入少许红色以及无情色彩（黑色和灰色）。

二、色彩秩序原则分析

（一）色相的色彩秩序分析

这幅作品选择了在色相环 240 度角内取色，并作类似色相梯度秩序。主色一共有八种：蓝色、深蓝色、蓝紫色、紫色、红紫色、红色、橙色和橙黄色。其中包括一种互补色关系——橙色与蓝色，以及另一种对比色关系——橙色与紫色。每种主色与另一种主色的相隔规律都不尽相同，也并不均等。具体表现在以下方面：蓝色与深蓝色相邻；深蓝色与蓝紫色相隔两色；蓝紫色与紫色相邻；紫色与红紫色相隔两色；红紫色与红色相隔两色；红色与橙色相隔两色；橙色与橙红色相邻。虽然相隔规律有差异，但是相邻—相隔两色—相邻—相隔两色—相隔两色—相隔两色—相邻的这个排列顺序还是存在一定规律的，所以虽然这幅作品的色相跨度比较大，但是整体色相的色彩秩序在活泼跳跃的状态中保持了一定程度的色相关系平衡。

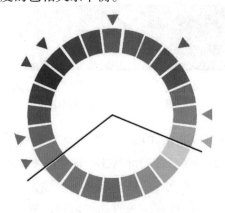

图 10-4　色相的色彩秩序分析

（二）纯度的色彩秩序分析

这幅作品表达的主题相对简单，色彩体系也不复杂，明暗关系清晰。在纯度方面，这幅作品整体保持中纯度和缓和的纯度渐变关系，极少的高纯度色彩体现在木雕金漆受光面上。另外，作者主观上提高了木雕对石柱的环境影响色纯度 1 度。本节选取 1 号色、8 号色、14 号色、17 号色为例进行分析（图10-5）。

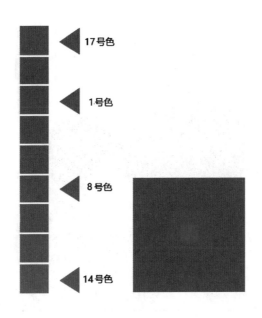

图 10-5 纯度的色彩秩序分析

1 号色、8 号色、14 号色、17 号色在这幅作品中主要是木雕和木构架的色彩。从图 10-4 可以看出，在这幅作品中，褐色系色彩不仅占有绝对的主要地位，其纯度梯度还决定了冷蓝色系色彩的有力补充。褐色系色彩秩序跨度非常大，在 9 个跨度内，从高纯度至低纯度排序分别是第 1 度（17 号色）、第 3 度（1 号色）、第 6 度（8 号色）、第 9 度（14 号色）。四个色呈现相等梯度分布，并且是彼此相隔在 1～2 个梯度内，没有很大的跨度。纯度的色彩秩序差异体现在以下方面：①包含极端两个纯度，即第 1 度和第 9 度；②纯度梯度的差异性存在一定的波动，但梯度差异并不大；③色彩纯度跨满高、中、低纯度梯度。所以，这幅作品纯度对比强烈，画面色彩纯度渐变关系细腻。

第三节 色彩氛围

一、面积比例

这幅作品的暖色系色彩所占画面面积比例最大，占到整幅画面 60% 以上（图 10-6），主要表现在木雕、木构架、石材环境色、瓦片受光面四大方面。

在 18 个主色块中，只有 10 号色、11 号色、13 号色、18 号色属于冷色系，在画面中表现石材受光面和阴影部分。

图 10-6　色彩面积分析

　　整幅画面呈现的色彩饱和度很高，明度对比跨度比较大，纯度对比跨度很大。为了体现石材色彩的冷色倾向和木材色彩的暖色倾向，作者主观强化了各自的色彩倾向，把石材、青砖区域的色彩朝蓝绿色倾斜，把木材区域的色彩朝褐黄色倾斜，同时减轻屋檐投影的色块色相，从而拉大了整幅画面色彩搭配的对比度；而檐廊上方的阳光已经被取消，从而保持石材和木材的重要性，以便更好地表达画面主题。

　　色彩个性分析方面：这幅作品中的民居建于清代，石材、青砖和木材都已经有了岁月的痕迹，彼此之间受到了很明显的环境色影响，石材和青砖受到了木材的暖色影响，而木材受到了前者的冷色影响。这幅作品中最主要的色彩是褐色、蓝色和黑色。

（一）褐色

　　这幅作品中的红色主要分布在梁、檩、椽、枋等区域，分深褐色（如 1 号色、8 号色）和浅褐色（如 2 号色、17 号色）两大类，其中深褐色占比更大。梁枋以深褐色为主，纯度比较高，明度比较低；檩椽以浅褐色为主，纯度比较低，明度比较高。画面中褐色出现的原因有两个：第一，木雕和木构架梁、檩、椽、枋本身的固有色；第二，这些木雕和木构件的表面油漆颜色分为褐色和金色两种。

在这幅作品中褐色意味着木质材料专属的温暖、精致和内敛。随着岁月的流逝，木雕和木构件产生了不同于最初的色彩和质地的变化，并且受到环境色的影响，所以原本同样的褐色如今却显得更加微妙。

（二）蓝色

这幅作品中的蓝色主要分布在石柱、石坊和砖墙区域，分灰蓝色（如 10 号色、18 号色）和蓝绿色（如 11 号色、13 号色）两大类，其中灰蓝色占比更大。石柱、石坊、砖墙以灰蓝色为主，纯度比较低，明度比较高；在靠近木材的石柱、石坊、砖墙区域以蓝绿色为主，纯度比较高，明度比较低。画面中蓝色出现的原因有两个：第一，石材和青砖本身的固有色，而且广东本地产的青砖质量上乘，青色明显细腻；第二，受到木材黄褐色的环境色影响，其附近的青砖蓝色偏绿。

在这幅作品中蓝色意味着硬性材料的细腻和坚硬。石材和青砖质量上乘，质感细腻，把蓝色或者青色的外观色彩体现得非常明显，在柔性木材的衬托下，石材和青砖显得颇为工整和坚硬。

（三）黑色

这幅作品中的黑色主要分布在投影区域，为 12 号色。主要集中在砖墙的阴角和檐板下的内侧区域。

相对其他作品而言，这幅作品中的黑色面积比较大。这是作者主观处理的结果，以黑色衬托出褐色和蓝色的主体地位，并且增强了褐色和蓝色的视觉冲击力。黑色意味着黑暗和虚空，在省略了天空和阳光元素之后，黑色对三维空间的表达是十分必要的。

这幅作品中除了上述三种色彩，还有黄色、白色和红色等色彩。这些色彩面积非常小，并且边界和形态很小，对主要色彩起到提点作用，所以本节不对其他色彩进行阐述。

二、色块聚散度

这幅作品的色块聚散度分为两大部分：木材色块与石材色块。木材色块集中在画面左上部分，石材色块集中在右下部分。两大部分的色块各自的聚散度很高、很集中，但彼此相对独立。因此，整体画面色彩对比强烈，具有较强的视觉冲击力。在这幅作品中，木材色块与石材色块互为图底。

这幅作品体现的是一个小型的民居子空间，构造元素简单，为梁、檩、枋、柱等；建筑材料简单，为木、石、砖等，所以色块也简单，色块呈现一种整体性、泾渭分明的状态，色彩与色彩之间边缘的边界数量比较少。所以，作者在三类色块聚散度中选择了综合对比的方法。褐色和蓝色是完全饱和的状态，利用人眼视网膜残留影像的原理，这两种刺激力度很大的对比色产生了一种对立互补的纯度平衡，形成了同时对比。

同时对比：在这幅作品中，强烈的褐色影响着强烈的蓝色，强烈的黑色影响着强烈的白色，这种彼此之间的强烈影响是人眼的生理反应所产生的结果。当画面中同时出现褐色和蓝色、黑色和白色四种色彩时，这种同时对比会对画面中所有的色彩都产生影响。在画面的空白区域，当预期的色彩并没有出现时，人眼自发地产生了残留色彩影像，这种余像的色相发生了互补的变化。例如，当一块中等纯度的蓝色被一种明度较高的褐色包围时，会呈现一种偏向黄色的蓝绿色状态。此外，对比会使整幅作品更加丰富，没有多余的元素，却有微妙的视觉效果。

三、构图改变

（一）弧线构图

画面表达的主题是建筑的局部，采用仰视角度的三点透视构图，力图表现广府民居柱廊高大却轻巧的空间特点。作者在原实景的基础上做出构图改变，采用弧线构图，把木雕、石雕的细节放在弧线的左 1/3 附近，并在左 1/3 弧线与左 1/3 竖向轴线的交叉点处设立一条竖向线条，即石质檐柱，以增强画面稳定感。

（二）色块明度

这幅作品中的色彩明度普遍比较高，并且枋和柱头都在 1/3 横向轴线附近，所以作者把枋和柱头周边的梁、柱身、檐板及其投影等元素色块的明度相应降低。

（三）无情色彩

这幅作品中黑色和白色的区域都比较大，并且比较集中。这意味着不同色相之间的大面积对比很多，即色块拼接的边界较少，这种对比要比小面积色块对比更加温和。为了维持画面弱色彩对比所需的和谐感，作者在近景和中景区域的色块边缘加入了黑色，并且保留了画面四周的纸张白色底色，以维持檐柱在画面中心的主体地位，增加画面中景的重量感。

第四节 小结

清代广府民居是岭南地区现存建筑的重要组成部分。木、砖、石的材料在民居建筑上得以广泛运用，出现了灵活繁盛的多种建材设计作品。新丰县这座民居柱廊出檐较深，采用穿斗式步架，纤细的石柱、石梁枋与漆色艳丽的木雕、木构架形成强烈的视觉对比，也符合岭南地区潮湿多雨的气候特点。建筑构件上的图案题材丰富、工艺精湛，体现了我国传统文化对建筑的历史影响力。

在色彩和谐方面，整幅画面色彩体系相对简单。主景是褐色系和冷蓝色系，次景是深灰蓝色系和灰褐色系。在色彩家族因素中，画面选择明度基本相同，色相和纯度不尽相同。色相的色彩秩序控制在色相环 240 度角以内，并呈现类似色相梯度秩序。其纯度梯度跨度非常大，跨满 9 个跨度，呈现相等梯度分布，纯度搭配对比强烈，整体色彩纯度渐变关系细腻。

在色彩氛围方面，暖色系色彩占有画面大部分面积。木材色块与石材色块聚散度都很高，彼此相对独立，互为图底。画面构图采用仰视角度的三点透视构图，重要表现内容集中在弧线的左边 1/3 附近，并在左边 1/3 弧线与左边 1/3 竖向轴线的交叉点处设立一条竖向线条，以增强画面稳定感。

第十一章　个案研究：福建省泰
宁县尚书第明代梁架

（a）

（b）

图 11-1　尚书第明代梁架

第一节 建筑色彩和整体概析

一、建筑色彩分析

本章中的尚书第体现了鲜明的明代汉族民居风格，主要建筑材料为木材和批灰材料，整体建筑色彩比较单纯。

尚书第的色彩风貌主要体现在建筑屋顶和墙身部位，整体色彩呈暖色。①梁柱构架的主色为红色（R）系；明度值分布在 1 ～ 9，属于全跨度明度区段，呈现强对比；纯度值集中在 1 ～ 3，属于高纯度区段，呈现弱对比。②墙面的主色为红色（R）系和无纯度灰色（N）系；明度值分布在 1 ～ 5，属于高、高中明度区段，呈现中对比；纯度值分布在 1 ～ 3，属于高纯度区段，呈现弱对比（表 11–1）。

表11-1 尚书第明代梁架色彩分析

	冷暖倾向	色 系	明 度		纯 度	
梁架	暖色	R	强对比	1 ～ 9	弱对比	1 ～ 3
墙面	暖色	R、N	中对比	1 ～ 5	弱对比	1 ～ 3

二、建筑整体概析

福建历史悠久，其居民大多是中原和北方移民的后裔，在长达千年的迁徙过程中，与当地居民融合，形成独特的地域文化，这与福建传统民居文化的形成密切相关。闽北地区是福建开发最早的地区，最晚在东汉时期已经有汉族移民从浙江和江西进入福建，组成建安郡，因此受汉族文化的影响最深，有非常浓厚的书院文化和仕途意识。闽北地区盛产木材，尤其是杉木，所以当地民居至今沿用穿斗式木结构、大出檐青瓦屋面和跑马廊。木材表面不饰油漆，显得质朴、简洁、实用，颇有明代之风。在当地大型多进合院式民居中，常设有书院或者读书厅，体现了理学之邦的书院文化的延伸。闽北地区的传统民居通常为"天井式"平面布局，内有木构承重和外砖、生土墙体组合，达官贵人的宅邸流行盖"三进九栋"式的青砖瓦房组合。"三进九栋"式是指三进院落的合院式民居，其走廊、天井、檐阶均为石板，每栋四周用陶砖或者泥土砌筑封火墙，在第三进大厅上方正中设神龛，整座建筑显得端庄有序、富丽堂皇。

泰宁古城位于福建省北部的泰宁县城中心，背靠芦峰山，面朝城东三涧水。宋明两代为这座古城的鼎盛时期，有"汉唐古镇两宋名城"的美誉。古城人文鼎盛，有"隔河两状元，一门四进士，一巷九举人"的历史。优秀的历史传统和深厚的文化底蕴造就了泰宁县独特的建筑风貌。古城现保存诸多数百年的古民居、古寺庙，本章所述的尚书第就在其中，其于1988年被列为全国重点文物保护单位。

尚书第历经近四百余年历史，其主体建筑仍保存完整，布局结构、建材质量、空间尺度、装饰艺术等具有鲜明的闽南地域特征，又存在一定的僭越现象，可能是因为尚书第堂主李春烨负责过故宫前三大殿维修工程的缘故，尚书第建筑有皇家建筑的影子。尚书第建筑体量较大，为五栋加书院的建筑群，南北纵向一字排开。各栋以斗砖封火墙相隔开。每栋均为二进二堂，同时栋与栋之间设有廊门相通，这是一种典型的既保持相对独立又未断彼此联系的平面布局形式，非常适合封建大家庭的居住需求。两进院落相互渗透，门厅—天井—正厅—天井—后厅—室内的空间序列显得组合有序、层次丰富。

尚书第坐西朝东，东西进深60米，南北面阔81米，占地面积约5000平方米。主体建筑5栋，辅助建筑8栋，共有120余个房间。分设五道门，"一"字排列，前方设有一条甬道，甬道两端设南北大门。南大门为磨庄门楼建筑，门额嵌有"尚书第"石匾；北门为轿厅，为三开间硬山式平房木构建筑，明间采用抬梁式梁架，次间采用穿斗式梁架，开间前方为全封闭式半明子格扇门，明间厅头为过道大门，厅首额枋悬挂"大司马"木匾，前廊大门两边设有石质抱鼓石。甬道被两个独立门洞分成三段。每一栋建筑之间用封火墙间隔，其间隔设门廊相通。

尚书第整体为木、砖、石结构，砖墙以斗砖和眠砖组合砌制。墙体上方以木构作檐上屋架的轩顶，室内多以老杉木做主要梁架，以抬梁穿斗式混合结构进行构建。尚书第的梁架具有鲜明的明代风格，多采用硕大超高的柱子，粗壮超长的扛梁、架梁，最大直径约0.5米，举高超过7米。室内的额枋上有简单的贯套纹样，梁架上设有浑圆矮胖的瓜柱雀替、精巧的象鼻拱、大型浅盘形斗拱和如意形驮墩。柱础采用当地赤色沙岩质地的钟形和八棱形形制。尚书第的厅堂屋架采用抬梁穿斗结合式，即两头靠建筑山墙处用穿斗式木构架，中间用抬梁式木构架，这种做法既能扩大厅堂室内使用空间，有效利用室内外空间的结合区域，又不必全部使用大型原木料，节省了建造成本，减轻了自然环境的负担。但是，在厅堂梁架的装饰方面，其建造者非常注意细节设计，体现在额枋、斗拱、雀替、狮座、垂花、竖材等构件方面，虽然不饰色彩，也没有过多刻意的图案雕刻，但是有各种规格和造型，并且能跳脱常规思路，创造出一些别出心裁的新造型，在整个空间中呈现吸睛定场的效果，凸显建造者的文化水准。

屋顶采用南方民居常见的"人"字两面坡硬山顶。封火墙高大，并且少有开窗，类似于徽派建筑中的马头墙，但明显比后者显得更为简洁轻盈。屋脊的正脊采用宋代官帽式，正脊中央用瓦塑成官印形式，两边用瓦和泥塑成花叶翘角，瓦垄密集有序。

各栋建筑的主入口上方都置有石匾或者木匾门额，雕刻有"柱国少保""四世一品"等文字。其中，自北而南第二栋建筑为正房，其开间尺寸最大，层高最高，门前甬道扩大为前院，其入口门廊的建造最为精致，梁柱、斗拱、匾额和墙面布满了石雕、砖雕、木雕等装饰，有历史人物、飞鸟、团花、卷草、织锦等精工雕刻的图案。大门两侧各有一个 2 米高的抱鼓石，鼓座上有双狮戏珠、龙游飞云等浮雕图案。

在建筑材料方面，尚书第主要采用了木材和泥土。①木材。福建地处亚热带地区，水土条件优越，盛产杉木，因其树干直、重量轻、易于加工，木质中含有可防虫蛀的杉脑，还有较好的透气性，所以是非常理想的梁架材料。在尚书第中，只是用挑搭勾连、支穿横榫，就能使杉木的原始性能得到充分的发挥。并且，这种杉木不使用油漆，完全清水，颇为实用、耐久、无污染。②泥土。尚书第采用俗称"金包银"结构承重，其做法是在生土瓦砾夯筑的墙体外，用石灰、细沙、黏土等三合土精心夯筑，反复拍打成为"夹心饼干"型的夯土墙体，这种墙体坚固异常。砌筑好后，通常抹有白石灰，以维护墙面的洁净与美观。

总体上看，尚书第的制作设计具有以下四个特点。①布局严谨，气势恢宏。整座尚书第沿南北方向"一"字排开，前门设有甬道和门廊，其表面雕刻精美，体现府第建筑的气度和地位。主体建筑全部采用三进合院，结构大致一体。个案研究中所表现的中厅堂用减柱抬梁架法，柱子雄浑粗大，无髹漆。厅堂对天井开放，厅前设雕饰精致的高头栏杆。②封火墙设计。主体建筑之间都设有高于屋顶的封火墙，进与进之间根据实用功能的不同，设计有 1～2 道封火墙，如主栋在一进和二进、二进和三进之间设封火墙。封火墙厚度在 40 厘米以上，墙基深达 2 米，其底部平砌大块眠砖直至地面 1.2 米高度左右。上部采用薄砖空斗填生土砌到顶，墙脊呈现以阁楼式并压盖青灰瓦为主，偶见"八"字形条石压盖的做法。③制作讲究，用材合理。尚书第中的甬道、庭院、走廊、天井全部采用琢打的花岗石铺成，其中最大的花岗岩长5米多，颇为规整气派。主体木质结构均为杉木，未饰髹漆，以清水原貌展现于世，其梁、柱、枋用材粗壮，高度和直径比例严谨。主体5栋建筑的前厅，均采用抬梁或者穿斗混合承重结构，主间采用4根金柱和大额枋抬起梁架，特别是主间的前金柱设计"象鼻"撑拱，准确地托起前后两檩，体现了明代建筑遗风，利落、简洁与精确地呈现出大型宅邸风范。④装饰繁多，雕工精细。整个尚书第的梁架、柱枋、门窗、地面等无不有各式各样的装饰设计，单单厅堂内地柱础式样就超过三十种，其他的木雕、石雕、砖雕、灰塑、彩画等也做工精细、花样繁多，使整个建筑群显得颇有气派。

泰宁古城是南方特色建筑中不可多得的类型，既具有安徽、江西、福建建筑风格，又派生出相对独立的泰宁明代建筑风格。古建筑学家罗哲文先生给予其很高的评价："泰宁明代建筑有明确纪年且集中成片，在福建乃至全国罕见。"

第二节　色彩和谐

图11-1这幅作品采用了福建省泰宁县尚书第厅堂的室内仰视向上角度。所用颜料为德国史明克牌大师级固体水彩，包括有少许黑色水粉颜料和暖灰色酒精马克笔。纸张为中国宝虹牌水彩纸300克，中白色，八开规格，细纹纹理。绘制总用时约1小时。

一、色彩家族因素分析

这幅作品展示的是尚书第室内的主体梁架，其色彩体系相对简单，主要包括木质梁架和批灰墙面，主色系是红褐色系和暖白色系，这两个色系所在部位受到比较明显的环境色影响（图11-2）。例如，批灰墙面受到褐色系梁架的环境色影响，越是靠近梁架的批灰墙面，原本的暖白色系越有低纯度的红褐色倾向。次景是顶棚部位的黄色系，并带有低明度的投影关系，色彩偏暖灰感。因此，在色彩家族因素中，这幅作品选择了纯度基本相同这一项，明度和色相保持差异性（图11-3），主要色块对比如图11-4所示。

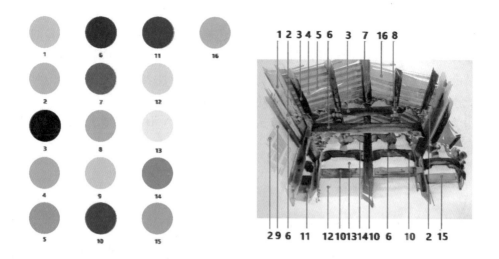

图 11-2 主要色块分析

图 11-3 明度对比

图 11-4 主要色块对比

　　这幅作品的色彩纯度基本相同，保持了一定的模糊性，所有色彩纯度被高纯度的灰色调和，饱和度都很低。整体画面中的物体表现因为纯度的不明确而产生一种稳定感，这种稳定感既符合尚书第的建筑特征，也符合尚书第主人的身份和地位。这幅作品的明度差异性不仅体现在单色上，也体现在多色上。在单色方面：褐色、黄色和灰色这些单色都有本身的明度差异。黄褐色系列的明度差异表现在 3 号色、4 号色、5 号色、6 号色、9 号色、10 号色、12 号色、13号色和16号色上；灰色系列的明度差异表现在1号色、8号色、13号色和14号色上。在多色方面：画面中各种色彩组合成一系列有明显差异的画面整体明度。明度从高到低排列依次是白色、黄色、红色、褐色和黑色，明度阶层非常明显，跨度饱满有序。这幅作品的色相差异性表现在主色色相的对比性上。虽然色相的跨度不是很大，在色相环跨度90度内，但是因为画面中存在很大面积的无情色彩（黑色、灰色和白色），从色立体的角度看，色相对比是存在较大差异的。

二、色彩秩序原则分析

（一）色相的色彩秩序分析

这幅作品选择了在色相环90度角内取色，并作相等色相梯度秩序（图11-5）。主色一共有三种：红色、红橙色和橙黄色，没有互补色关系。每种主色之间都为相隔一色，间隔距离均等，因此这幅作品的色相跨度比较小，但是整体色相的色彩秩序很规整，色相关系平衡，并更为追求细微变化。

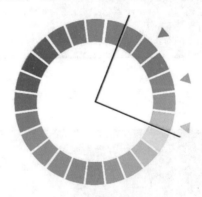

图11-5　色相的色彩秩序分析

（二）明度的色彩秩序分析

这幅作品表达的主题相对简单，色彩体系不复杂，明暗关系清晰。在明度方面，这幅作品整体保持低明度和缓和的明度渐变关系。另外，为了拉开暗部色彩的视觉化对比，作者在主观上提高了室内顶棚的黄色木饰面色块的明度。本节选取3号色、4号色、5号色、6号色、9号色、10号色、12号色、13号色、16号色为例进行分析（图11-6）。

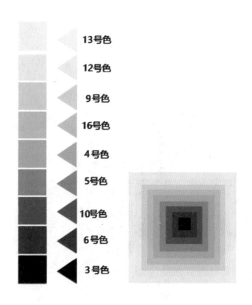

图 11-6　明度的色彩秩序分析

3 号色、4 号色、5 号色、6 号色、10 号色、16 号色在这幅作品中主要是木雕和木构架的色彩，9 号色、12 号色、13 号色是墙面色彩。从图 11-5 可以看出，在这幅作品中，同明度的这一系列色彩不仅占有绝对主要地位，其明度梯度跨度非常大，跨满 9 个纯度，从高纯度至低纯度排序分别是第 1 度（13 号色）、第 2 度（12 号色）、第 3 度（9 号色）、第 4 度（16 号色）、第 5 度（4 号色）、第 6 度（5 号色）、第 7 度（10 号色）、第 8 度（6 号色）和第 9 度（3 号色）。其呈现九等分的相等梯度分布，没有相隔色。纯度的色彩秩序差异表现在以下方面：①包含极端的两个纯度，即第 1 度和第 9 度；②纯度梯度相等，没有差异性；③色彩纯度跨满高、中、低纯度梯度。所以，画面明度搭配对比强烈，整体色彩明度渐变变化细腻、丰富。

第三节　色彩氛围

一、面积比例

这幅作品以暖色系面积为主。其中，红褐色系色彩所占画面面积比例最大，占整幅画面 50% 左右（图 11-7），主要表现在木雕、木构架和墙面环境色三大方面。其次是暖白色系色彩所占画面面积比例，占整幅画面 30% 左右，主要表现在室内墙面和木质梁架环境色两方面。

图 11-7　色彩面积分析

　　整幅画面呈现的色彩饱和度不高、明度跨度很大。以褐色为例，这个单色跨满了 9 个明度，但是整体画面的其他色彩明度跨度比较小，色相变化也比较小，在色相环中仅仅跨了 90 度。因为整幅作品的色相变化和纯度变化比较简单，所以近似色色相系列的纯度变化决定着画面的丰富性。为了体现抬梁穿斗混合式梁架的构图中心性，作者把梁架和周边枋、檩的色彩纯度大幅提高，从实景原本的黑褐色调整至偏纯的褐色，并且将画面左右两侧的枋、檩、墙的纯度稍稍压低，从而拉大了整幅画面纯度搭配对比度；而白石灰饰面的墙体所占画面面积比较大，差不多占整幅画面的 1/2，但它不是最主要的题材，所以作者将其处理成暖色倾向的低纯度灰色，不仅能够平衡中大面积的浅色，还能衬托木质梁架的纯度。

　　色彩个性分析方面：这幅作品的表现内容比较简单，即主要是木材和白石灰，因此整体画面色彩以褐色、黄色、灰色、黑色为主。由于是在厅堂室内，自然光线并不强烈，事物本身的明暗对比比较含蓄，所以以固有色和环境色为主。

（一）褐色

　　这幅作品中的褐色主要分布在木质梁架区域，分深褐色（如 6 号色、10

号色）和浅褐色（如 7 号色、16 号色）两大类，其中浅褐色在画面中占更大的比例。中、远景以浅褐色为主，纯度比较高，明度比较高，以少许灰红色为辅助，以体现梁架的受光面和投影；远景以深褐色为主，纯度比较低，明度比较低，以红褐色为辅助。画面中褐色出现的原因有两个：第一，厅堂梁架结构本身的固有色，即未髹漆的褐色；第二，靠近梁架的墙面，会受到前者的环境色影响，呈现微微的褐色倾向。

在这幅作品中，褐色意味着传统、低调和稳重。前文中提及，尚书第的杉木未饰髹漆，以清水原貌展现于世。这种木构构架做法是明代建筑风格的传统，也是受到特色建筑设计的主流欣赏，褐色的传统意义就是代表着这种传统艺术理念；低调，除了未髹漆之外，还因为木构架未做太多的雕刻、装饰和彩绘，以协调的比例体现木质美感；稳重则意味着雄浑质朴的木质构架给人的稳重观感，不纤细、不做作、很自然。因为木材本身的色彩相对比较单调，周边环境色也并不丰富，所以作者有意在褐色的基础上稍稍强调环境色影响，如红色、紫色、绿色等，使画面的褐色色块更有视觉丰富感和细节意义。

（二）黄色

这幅作品中的黄色主要分布在屋顶和近景中的少数梁架区域，分深黄色（如 5 号色、16 号色）和浅黄色（如 4 号色、9 号色）两大类，其中浅黄色在画面中占更大比例。前、中景以浅黄色为主，纯度比较高，明度比较高，以少许深黄色为辅助，以体现屋顶木质材料；远景以深黄色为主，纯度比较低，明度比较低。画面中黄色出现的原因有两个：第一，木材本身的固有色；第二，木材受到明显的光照影响，存在受光关系。

在这幅作品中，黄色意味着传统和光明。传统的意义，与上文中褐色的个性意义分析几乎一致，出于色彩平衡考虑，尚书第建造者并没有完全使用褐色木材，在屋顶天花板区域多采用黄色木板，形成深浅色彩节奏变化；光明是代表着空间三维中的受光，尤其是在"人"字顶这种几何空间，光影变化尤其强烈，所以适当的黄色能够体现这种受光。远景的黄色受到深褐色的环境色影响，所以呈现较低明度的黄黑色，进一步降低了视觉刺激性，形成了远景事物的退远观感。

（三）灰色

这幅作品中的灰色主要分布在墙面及投影区域，分浅灰色（如 12 号色、13 号色）和深灰色（如 1 号色、15 号色）两大类，浅灰色和深灰色所占的面积比例几乎相等，灰色所占画面面积比例很大，几乎占有整个画面的 1/2，但是由于其色相单一、纯度很低，看起来并不突兀，反而有一种能够平衡黑色和褐色的感觉。这幅作品中的灰色并不是正灰色，因为在不同的环境色影响下会呈现灰黄色、灰褐色、灰红色等。画面中灰色出现的原因有两个：第一，白石灰饰面的墙面本身的固有色；第二，远景中的梁架，因为处于背光区域，所以其固有色逐渐模糊、纯度降低，变成灰褐色。

在这幅作品中，灰色意味着自然和稳定。自然代表墙体表面所用的白石灰，取材自然质朴；稳定代表着白石灰的物理性能比较稳定，不太受到自然气候和周边建筑材料的影响，表现出一种时间恒定感。

（四）黑色

这幅作品中的黑色主要分布在尚书第的梁架区域，为 3 号色。黑色所占画面的面积比例比较大，仅次于褐色。这种面积比例在手绘作品中通常比较少见。画面中黑色出现的原因有两个：第一，梁架的背光面色彩，色调极重；第二，梁架的投影。

在这幅作品中，黑色意味着阴影和含蓄。阴影代表尚书第梁架各个构件部分的投影，体现出三维空间感；含蓄代表着投影容纳了很多建筑细节，使人们的视觉注意力更加集中于中景的梁架区域，使画面集中感更强。

二、色块聚散度

这幅作品的色块聚散度分为两大部分：木材色块与墙面色块。由于受到现实场景的一点透视构图影响，画面中的木材色块集中在画面上、左和右部分，墙面色块集中在画面中间部分。两大部分的色块各自相对独立，聚散度都较分散，木材色块对墙面色块形成半包围态势。因此，整体画面色彩对比强烈，透视效果明显。在这幅作品中，木材色块为图，墙面色块为底。

这幅作品体现的是以汉族文化为主流的书院文化，氛围端庄温润，再加上色块很简单，固有色的明暗对比强烈，色块分布呈现高低错落、整体规矩的状态，色彩与色彩之间边缘的边界数量不多。所以，作者在三类色块聚散度中选择了强烈对比的方法，即明度对比。明度对比体现在无论是单色（如褐色）的明度，还是整体画面中，所有色彩总明度的对比跨度都非常大，并对周边色彩都产生了明显影响。为了进一步增强对比效果，作者增加了黑色的面积和数量，把黑色安排在画面中心，并且排列得十分密集，形成黑白对比的强烈效果。

三、构图改变

（一）双向轴线

第一条轴线是横向轴线，为了体现向上仰视的空间透视感，把梁架布置在画面上方 1/3 横向轴线附近，上下不超过 1/5 幅度。第二条轴线是竖向轴线，为了体现传统文化的稳定感，这幅画面采用绝对的中心对称轴线，把屋脊布置在竖向中心对称轴线上，左右铺开，以形成整体画面上下、左右的绝对稳定感。

（二）主观改变

为了能够表现出梁架的构图中心，作者对这幅作品的虚实关系做出了主观改变：虚化画面左下方墙面的文字和图案元素，降低其色彩的纯度和明度；加大画面右上方的抱头枋的表现力度，并且稍稍降低其明度；减少画面右边的灯笼、彩旗等元素；把梁架结构保留在中景区域，即画面上方 1/3 横向轴线附近。

第四节　小结

泰宁古城是一座独特传统建筑文化集大成展示者。其代表性建筑群尚书第已有四百余年历史，其主体建筑保存完整，建筑空间平面布局既保持相对独立，又体现各自的隐私保护意识，门厅—天井—正厅—天井—后厅—室内的空间序列显得组合有序、层次丰富。尚书第为木、砖、石结构，室内墙体表面抹灰处理，墙上以木构作檐上屋架的轩顶。室内梁架以老杉木为主材，为抬梁穿斗式混合结构，且设有明代风格鲜明的瓜柱、雀替、象鼻拱、浅盘形斗拱和如意形驮墩。整套梁架体系的体量硕大，造型简洁，呈现稳重、淡雅、静谧的空间氛围。

在色彩和谐方面，整幅画色彩体系相对简单。主景是红褐色系和暖白色系，这两个色系所在部位受到比较明显的环境色影响。在色彩家族因素中，画面选择的纯度基本相同，色相和明度不尽相同。色相的色彩秩序控制在色相环 90 度角以内，并呈现相等色相梯度秩序。其明度梯度跨度非常大，跨满 9 个明度，并且呈现九等分相等梯度分布，所以画面明度搭配对比强烈，整体色彩明度渐变关系细腻、丰富。

在色彩氛围方面，红褐色系色彩所占画面面积比例最大，其次是暖白色系色彩。色块聚散度呈现两大部分，彼此相对独立，聚散度都较分散，木材色块对墙面色块形成半包围态势。因此，整体画面色彩对比强烈，透视效果明显。在这幅作品中，木材色块为图，墙面色块为底。

第十二章　个案研究：江西省广
昌县坪背村围屋

（a）

（b）

图 12-1　坪背村围屋

第一节　建筑色彩和整体概析

一、建筑色彩分析

　　江西的坪背村围屋与前章的广西的磨庄、福建的永定土楼等都同属于防卫型传统建筑。坪背村围屋的建筑色彩风貌主要表现为建筑屋顶、门窗和墙身部位，整体色彩低调统一，呈暖色的色彩倾向。①墙身、门窗的主色为红色（R）系，呈暖色的色彩倾向；明度值分布在 2～9，属于高、中、低明度区段，呈现强对比；纯度值集中在 7～9，属于低纯度区段，呈现弱对比。②建筑屋顶的主色为红色（R）系和无纯度灰色（N）系，呈中性偏暖的色彩倾向；明度值分布在 5～9，属于中、低明度区段，呈现中对比；纯度值分布在 7～9，呈现弱对比（表 12-1）。

表12-1　坪背村围屋色彩分析

	冷暖倾向	色　系	明　度		纯　度	
墙身、门窗	暖色	R	强对比	2～9	弱对比	7～9
建筑屋顶	暖色	R、N	中对比	5～9	弱对比	7～9

二、整体概析

　　江西是一个历史悠久和具有优秀文化传统的省份，现存很多保存较完整的原始生态建筑和村落。在漫长的社会和经济发展过程中，江西产生了许多不同规模等级和功能类型的优秀特色建筑，大致可以分为天井式、合院式和围屋式三种类型。其中，目前尚存的围屋式建筑有上百座，主要分布在江西省南部地区，即与粤闽交界的客家人聚居地，被称为"赣南围屋"。大多数赣南围屋是四角设堡的方形围屋，也有少数圆围、环围形式。赣南围屋与福建围屋、广东围屋共同构成当今居住建筑的一大奇观，但是目前对江西围屋的重视程度和研究深度远远不够，所以作者在这一章中以江西围屋为表现题材，并引入了一定的研究成果。

赣南客家是现代客家民系中一个重要的组成部分。由于移民来源的不同和定居时间的差异，在迁入地存在着"新客"和"老客"两类不同性质的客家人群体，他们共同构成了非常复杂的社会关系和利害冲突等。先期移入的"老客"与当地居民已经融合在一起，双方关系比较和谐，在建筑形式上相对比较平和，符合当地传统，没有明显的防御特征。但是对于"新客"而言则不同，其生存环境比较恶劣，他们的到来激化了当地的社会矛盾，容易受到攻击，所以新客的围屋更具有防御色彩：易守难攻、厚门高墙、环环相扣。现存的赣南围屋基本上是清代中期以后的遗存建筑，最晚的是 20 世纪 60 年代砌筑而成的。赣南围屋有以下两大文化本质特征。

（一）以宗亲血缘为纽带的聚居形态

我国汉族的文化基础之一是以"礼制"为导向的家庭或者宗族观念，这就保证了家族的延续发展，也是维护封建统治阶级的理论来源。客家同属汉族，无论其独立性有多强，客家人的思想范畴依然脱胎于汉族母体的思想模式。客家人为当地居民带来了更为先进的文化，甚至带有一种高贵血统的潜意识观念，无论是为了维护家族生存，还是寻求未来发展，都要求客家人具有更强烈的凝聚意识。因此，礼制思想不仅规范和引导客家人的行为生活，还深深影响到客家围屋的形制。封建社会对建筑等级有着非常严格的规定，具有两个序列：以血缘为纽带的宗亲序列和长幼尊卑的现实序列。这两个序列思想反映在客家围屋就是房间的定位、排序和大小，并且通常是以宗亲为第一决定性因素，而不是以其他地方常见的家庭为第一决定性因素的。

（二）以生存发展为目的的防御观念

强烈的防御观念是客家民系的重要思想标志，并且鲜明地体现在围屋、土楼等客家建筑中，舒适闲散的生活需求就不得不退居二线。本地居民与外来移民的矛盾使围屋的建造越来越坚固、形式越来越多样。修建赣南围屋的防御观念主要体现在以下三个方面的设计。

1. 规模和组织形式

由于处于客籍的地位，客家人不得不采取"人不犯我，我不犯人"的守卫姿态，这是客家围屋为什么如此突出防御功能的根本原因。

作为居住建筑的个体，赣南围屋的规模比汉族民居要大得多，赣南围屋的占地面积通常在一两千平方米，汉族民居很少有达到这种规模的；其层高的设计也是其他地区民居所不可及的，赣南围屋大多为两三层甚至有四层的，这种层高首要考虑的不是日常生活的实际需求，而是防御中需要超常规的竖向空间集合——"势"的营造，这种围屋在特殊时期就能迅速成为一个临时的堡垒。在多数赣南围屋中，在其四角设有与其他房屋完全不相通的方堡，因为方堡很容易控制围屋四周的火力和防卫力量。通常方堡比围屋高出一层，并且直接落地，其内部都设有独立的暗门和楼梯，甚至还设有小型挑堡。

2. 构造与材料

赣南围屋一反传统的木构架承重体系，而采用生土墙或者混合墙砌体承重的结构做法，即在墙底部采用条石或者乱石砌筑，上砌生土墙。通常墙体非常厚，厚度在 1 ～ 1.5 米。为了节约成本，外墙采用"金包银"的做法，即砖石外砌，内加生土，通常承重墙还要加砖护角。

围屋外檐只采用青砖叠涩硬出挑，绝少采用传统民居常见的木挑檐。为了防止火攻，围屋最外围的立面几乎没有显露大面积的木质材料。围屋大门采用三道门的形式，最外的大门是包铁实木门，厚 4 ～ 6 厘米，中间的大门是闸门，最里侧是便门，围屋大门两侧还设有枪口和水口。

3. 双重内部供应系统

为了自身利益，赣南围屋除了有满足日常生活需求的供应系统，还必须具有战时独立的供应设施系统。围屋内都有水井和储水池，平时可以作为补充水源，战时围闭之后这些水井就成为战争的命脉。围屋的顶层和地下层通常不是用来居住，而是贮藏粮草和武器的。有些围屋设有藏在墙内的排污暗道，排污口和卫生间设在围屋顶层，排污口在围外，平时关闭，战时开放。

在江西省广昌县驿前镇坪背村观音下村小组，有一座历史悠久的围屋民居群，这座围屋在赣南围屋体系中的地位并不突出，但在当地尚有一定知名度，所以作者选择将其绘制成画。据当地居民介绍，这座围屋的建造时间约在清代嘉庆年间，距今已有二百余年历史，占地面积一千多平方米。

赣南围屋与福建围屋虽属同源，但体现更多的是江西地区所特有的灵秀轻巧风格。坪背村围屋集家、祠、堡于一体，围屋整体平面布局近似半圆形，在外围角落设有碉楼性质的房屋。围屋外墙封闭，墙体坚固，并且在局部设有枪炮眼口。建筑墙体和地面的主材为当地所产三合土、河卵石、青砖、条石，整体颜色呈灰褐色。围屋房屋均是依围墙而建，多数房屋为二层，少数为一层，层层以走马廊环通，围内有一个方形空坪和一个半圆形水塘。

围屋的组成形式属于环围形式，由两圈封闭的建筑组成，整体显得更为自由活泼，注重实用功能。围屋中心院内设有宗祠，形成"宅祠合一"的模式，以"进"为序列组合房间，轴线关系非常明确，其他房间随着宗祠左右铺开。随着小农经济逐渐解体的历史变化，家庭个体趋向小型化，所以除了对围主和长辈做出明确的居住定位之外，其他后辈就不再有很严格的序列关系了，仅仅维持一种向心的围合平面布局形式。围屋中每层都设有贯通的挑廊，不仅作为日常生活通道，也便于战斗时人员的快速跑动，最外围的房间内侧设有互通门道和外跑马廊，具有很明确的防御战斗的实用性质。

坪背村围屋尚有一个特征，其民居群外后方有一大片荷塘。每逢盛夏时节，古朴敦实的围屋与娇艳温和的荷花相映成趣，是客家建筑中一派难得的悠闲风景。这可能代表当时客家人与当地人相处日益和谐、安居乐业的历史风貌。

坪背村围屋在名气上尚不能与福建省和广东省的客家围屋相媲美，但是其体现了客家人在漫长的民族迁徙过程中的发展变化，以及与当地人融合并存的状态，同样是不可或缺的历史研究证据。客家人南迁最后定居于赣、闽、粤三省交界的地区，那里属于地势险恶、资源匮乏的荒地，这些历史造就了客家人坚韧务实的性格，也培养了他们尊崇自然法则的思想，运用风水学原理择地建房，使围屋在湿热多雨的山区里能有一个相对宜居的内部空间。围屋外部冷峻、粗犷，不做装饰；内部却充满家族融洽活泼的气息，这也成为赣南围屋的独到之处。

第二节　色彩和谐

图 12-1 这幅作品采用了江西省广昌县坪背村围屋的远景鸟瞰角度，拍照时间是春末夏初。所用颜料为德国史明克牌大师级固体水彩，包括黑色和冷灰色酒精马克笔。纸张为中国宝虹牌水彩纸 300 克，中白色，四开规格，细纹纹理。绘制总用时约 2 小时 30 分钟。

一、色彩家族因素分析

这幅作品采用围屋民居群与周边农田荷塘的鸟瞰角度，表达了客家人建筑与农业文化共生共存的特点。色彩表达主题分为两大类：主景是围屋民居群，次景是农田和荷塘。主色系是围屋民居群的灰黑色系和灰褐色系，这两个色系所在部位受到比较明显的环境色影响（图 12-2）。例如，最外层围屋墙面受到农田、荷塘的偏冷环境色影响；围屋屋顶受到天空偏冷环境色影响。次色系是天空蓝色系和农田、荷塘绿色系，受到围屋民居群环境色影响，农田、荷塘的色系里带有低纯度的投影关系。因此，在色彩家族因素中，这幅作品选

择了纯度基本相同这一项，明度和色相保持差异性（图 12-3），主要色块对
比如图 12-4 所示。

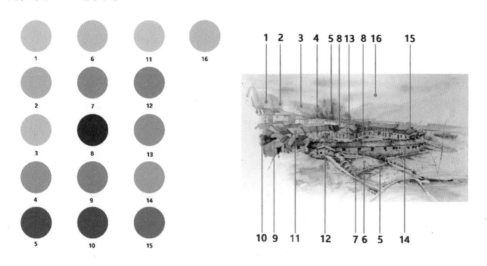

图 12-2　主要色块分析

图 12-3　明度对比

图 12-4　主要色块对比

　　这幅作品的色彩纯度基本相同，所有色相被灰度调和，饱和度都比较低，
彼此之间不突兀，物体边缘被弱化，整体画面中的物体表现因为纯度的不明确
而产生一种模糊感，这是符合农村和坪背村围屋的安宁低调的氛围特征的。这
幅作品的明度差异性不仅体现在单色上，也体现在多色上。在单色方面，绿

色、黄色和灰色这些单色都有其本身的明度差异。绿色系列的明度差异表现在3号色、5号色、6号色、7号色和8号色上；橙色系列的明度差异表现在1号色、2号色、9号色、10号色和13号色上；灰色系列的明度差异表现在11号色、12号色、14号色和15号色上。在多色方面，画面中各种色彩组合成一系列有明显差异性的画面整体明度。从图12-3中可以看出，明度从高到低排列依次是白色、橙色、绿色、灰色、蓝色和黑色，明度阶层非常明显，明度跨度饱满有序。这幅作品的色相差异性表现在色相跨度超过180度，包括一种互补色系列：橙色与蓝色，属于大跨度色相阶层，以绿色、蓝色为主，加入少许黄色、橙色。

二、色彩秩序原则分析

（一）色相的色彩秩序分析

这幅作品选择了在色相环190度角内取色，并作相等色相梯度秩序（图12-5）。主色一共有四种：橙色、绿色、蓝绿色和蓝色。其中，包括一种互补色关系：橙色与蓝色，每种主色之间相隔三色，相隔距离均等，因此虽然这幅作品的色相跨度比较大，但是整体色相的色彩秩序很规整，色相关系平衡，画面视觉关系比较和谐。

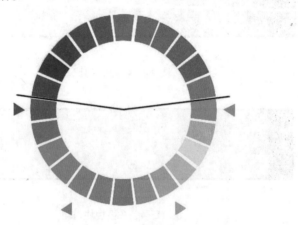

图 12-5 色相的色彩秩序分析

（二）明度的色彩秩序分析

这幅作品表达主题较烦琐，空间透视关系明显。作者试图用明度变化来表达空间感。本节选取 3 号色、5 号色、6 号色、7 号色、8 号色为例进行分析（图 12-6）。

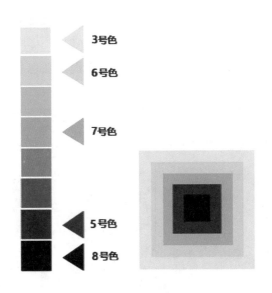

图 12-6 明度的色彩秩序分析

3 号色、5 号色、6 号色、7 号色、8 号色在这幅作品中主要是农田、荷塘的色彩。从图 12-5 可以看出，在这幅作品中，色彩的明度梯度跨度非常大，在 9 个跨度量中已经包括在 8 个跨度内，从高明度至低明度排序分别是第 2 度（3 号色）、第 3 度（6 号色）、第 5 度（7 号色）、第 8 度（5 号色）和第 9 度（8 号色），呈现相等梯度分布，但并不是完全均等。其中，3 号色与 6 号色相邻，6 号色与 7 号色相隔 1 个跨度，7 号色与 5 号色相隔 2 个跨度，5 号色与 8 号色相邻。明度的色彩秩序差异如下：①未包含第 1 度；②明度梯度的中间范围内，存在 1 ～ 2 个跨度差异；③色彩明度主要集中在中、高明度梯度内。所以，画面明度对比强烈，整体色彩明度渐变关系细腻。

第三节　色彩氛围

一、面积比例

这幅作品以冷色系面积为主。其中，灰绿色系色彩所占画面面积比例最大，占到整幅画面50%左右（图12-7），主要集中于近景的农田、荷塘和远景的山体、树林等区域。其次是灰黑色系和灰褐色系色彩所占画面面积比例，占到整幅画面30%左右，主要集中于围屋屋顶、墙体、门窗等区域。

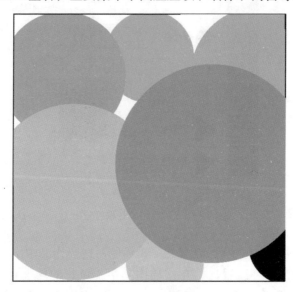

图 12-7　色彩面积分析

整个画面呈现的色彩饱和度比较低、纯度基本相同，因此从明度对比方面进行考虑。为了体现中景的坪背村围屋的构图中心重要性、推远远景天空和树林，作者把中景的明度对比跨度大幅提高，从而拉大了整幅画面明度搭配对比度；而远处的天空和树林占画面面积大，弥补了其低纯度的缺陷，从而使整幅画面表现力度更为均衡。

色彩个性分析方面，与前文所提及的磐安围一样，坪背村围屋属于防御型民居群组，再加上落成历史悠久、保护现状一般，决定了其建筑色彩总体呈偏灰色，在整体灰色中体现偏暖倾向。这些灰色周边有色彩饱和度同样比较低的色相，如荷塘、农田和树林区域的色彩等。这幅作品中最主要的色彩是绿色、橙色、黑色和红色。

（一）绿色

这幅作品中的绿色主要分布在坪背村围屋附近的农田、荷塘、树林及其投影区域，分深绿色（如 5 号色）和浅绿色（如 3 号色、6 号色）两大类，深绿色和浅绿色所占画面比例几乎一致。中景以深绿色为主，纯度比较高，明度比较低；远、近景以浅绿色为主，纯度比较低，明度比较高。画面中绿色出现的原因有三个：第一，坪背村围屋附近的农田、荷塘和树林的固有色；第二，农田、荷塘和树林的投影和背光面色彩，多呈现深绿色倾向；第三，坪背村围屋受到周边绿色的环境色影响，呈现灰绿色。

这幅作品中的绿色都是在自然环境中，即意味着自然、纯朴和活泼，无论明度和纯度如何变化，都是在深浅、冷暖中微妙变化着。首先，画面中绿色色块比较规整，绿色色块边缘的边界数量比较少，能够缓和绿色本身的色彩个性，使整个画面既具有农村的生命蓬勃之感，又符合围屋的低调氛围。其次，整体画面都是偏重暖色调，作者利用绿色的冷暖过渡来平衡这种暖色调。在农村日照条件下，大面积的绿色必然会有强烈的明暗对比，因此近景的绿色色块中有少许明度是极低的，已经近似于黑色，所以虽然各种绿色所占面积比较大，但因为在明度对比跨度大的处理之后，绿色显得更为丰富。

（二）橙色

这幅作品中的橙色主要分布在坪背村围屋的屋顶和墙体的受光面区域，以及远景山体区域，分浅橙色（如 1 号色、2 号色）和深橙色（如 9 号色、10 号色）两大类，其中浅橙色占较大比例。中景的围屋区域以浅橙色为主，纯度比较低，明度比较高，但是围屋投影区域也存在较多深橙色，所以在中景部分，橙色所占画面面积最大，但是因为有复杂的橙色变化，所以显得内容丰富；在近景和远景中以浅橙色为主，纯度比较低，明度非常高。画面中橙色出现的原因有三个：第一，磐安围墙身、屋顶的固有色为橙色系；第二，磐安围的投影区域，多呈现深橙色或者橙灰色；第三，近景的泥土和山体的固有色。

这幅作品中的橙色意味着传统和光明。传统意味着坪背村围屋中比较传统的建筑材料和工艺；光明是因为这种橙色来源于太阳的照射，为农村环境中饱经沧桑的老围屋增添了亲和力和温暖感。

（三）黑色

这幅作品中的黑色主要分布在各类形态的背光面和投影区域，为8号色。画面中黑色出现的原因有两个：第一，整幅画面中明度最低、明暗对比最强烈的区域，如中景坪背村围屋的屋顶背光面等；第二，投影区域的明暗交界线区域，如屋檐下方、农田投影边界等。

这幅作品中的黑色意味着黑暗和虚空。黑暗源于光明的对比，民居建筑的稳定感也来自黑色。虚空源于投影所给人的空间缺失感觉，以及投影中可能存在的不确定性和形态模糊性。

这幅作品中除了上述四种色彩，还有灰色、蓝色和白色等色彩。这些色彩整体都是偏暖色的，主要分布在远景的树林、天空和近景区域，分布比较零碎，穿插于各种物体形态中，起到重要的调整性作用，尤其是灰色，积极调和了大面积的黄色。

二、色块聚散度

这幅作品的色块聚散度分为两大部分：围屋色块与农田、荷塘色块。画面中的围屋色块集中在画面上半部分，农田、荷塘色块集中在画面中间和下半部分。围屋色块聚散度比较高、比较集中，农田、荷塘色块聚散度比较低、比较分散，两大部分色块各自相对独立，因此整体画面色彩对比强烈。在这幅作品中，围屋色块为图，农田、荷塘色块为底。

这幅作品体现的是春末夏初一派草长莺飞、生机勃勃的风景，坪背村围屋的固有色较为统一，围屋前后自然环境的固有色也比较统一。但是，因为中景部分被坪背村围屋占据，自然环境被分割为远景和近景两部分，所以虽然各部分的固有色比较统一，但是还是各自比较明确，色块呈现整体零碎、局部统一的分布特点。因为画面内容很多并且面积小，色彩与色彩之间边缘的边界数量很多，题材为气氛温和的老围屋，所以作者在三类色块聚散度中选择了弱色彩对比的方法。虽然用色温和，但前景、中景和远景的对比效果非常清晰。

（一）色温对比

这幅作品同时使用了冷色调和暖色调所产生的色块对比，但是这些冷暖色调都是偏灰的，色相并不十分明确，所以色温对比很弱。其中，冷色调包括天空区域的灰蓝色、远处树林的蓝绿色、近景荷塘蓝绿色和屋顶背光面的灰绿色、围屋投影的灰紫色等；暖色调包括远景山体的红褐色、中景围屋屋顶的灰褐色、中景围屋墙体的土黄色和浅黄色、近景农田的暖绿色、近景泥土的黄褐色等。画面中出现了蓝色系列和黄色系列，以及蓝色系列和红色系列，这两个系列本是很强烈的色温对比，但是由于降低了它们的纯度，所以画面中其他色彩无论是靠近哪一个系列，色温对比都比较温和，冷暖趋向变化比较缓和。

（二）补色对比

这幅作品使用了一种互补色关系：橙色与蓝色。这种大跨度的平衡关系使本身平和的画面主题变得更加生动和活泼，更具农村的自然氛围。画面中虽然有这一种补色对比，各自所占面积都比较大，但是纯度都很低，降低了对比度。另外，作者在屋檐下、屋顶背光面等区域利用投影关系加入了无情色彩（黑色），也调和了橙色与蓝色的对比度。

（三）纯度对比

在这幅作品中，形成弱对比的画面效果所采用最有效的办法就是纯度对比。在中景的围屋及投影区域，水彩颜料浓度很高，只加入了极少水量以保证颜料能够铺上纸面即可；近景和远景的天空、树林、农田、荷塘及各自投影区域，水彩颜料浓度很低，加入了大量水分，颜料与清水的调和比率大致为1：2～1：3，尤其是天空与山体的交界处，使用大量的清水使灰蓝色与灰绿色稀释互融，降低各自的纯度。这是因为坪背村围屋本身形象并不突出，要使其处于构图中心，就只能保留其纯度，降低围屋周边事物的纯度，远、近景事物不需要过多表现。

三、构图改变

（一）横向轴线

原实景的围屋民居群所占构图面积较大，并且偏构图中心位置。作者因喜爱围屋与农田、荷塘和谐共存的氛围，主观上想把体现农田、荷塘作为表现重点之一，所以刻意推后了围屋民居群的位置，即画面2/3横向轴线附近，同时在画面中心轴线附近。

（二）主观改变

为了能够保持坪背村围屋的构图中心性，这幅作品的构图必须做出主观取舍：虚化远景的山体和树林，并使其形象轮廓虚化；改变远景天空云彩的走势，使其趋于平缓，并尽量与山体走势呼应或者平行；减少近景荷塘的面积至1/2，并且把荷塘的位置偏离竖向中轴线，移至偏向画面左上角位置，用草丛、道路、投影边界等元素形成从左右两边延伸至竖向中心轴线的导向线，把视线引导至画面中心的围屋。

（三）无情色彩

中景围屋色块都比较小，意味着黄色色块的面积很小，小范围里的各个色块对比比较强烈，即存在了很多色块拼接的边界，这种对比往往要比近景的大色块对比更加有效。为了维持画面弱色彩对比所需的和谐感，作者在近景部分的绿色农田、蓝色荷塘等色块边缘加入了黑色和灰色的无情色彩，并且在各自色块边缘加入清水互融，削弱了色彩对比边界感，也稍稍增加了近景画面的重量感。

第四节　小结

坪背村围屋属于赣南围屋范畴，并在当地有一定知名度。这围屋建于清代嘉庆年间，历史悠久，整体风格灵秀轻巧，整体平面布局呈现近似半圆形，集家、祠、堡、碉楼于一体。墙体坚固，并且在局部设有枪炮眼口。围屋房屋多数房屋是二层，少数是一层，层层以走马廊环通，围内有一个方形空坪和一个半圆形水塘。在围屋前，有一大片荷塘，与围屋民居群相映成趣。

在色彩和谐方面，整幅画面主景是围屋民居群，主色系是黑色系和灰褐色系，并受到比较明显的环境色影响。次景是农田和荷塘，次色系是天空蓝色系和农田、荷塘绿色系。在色彩家族因素中，这幅作品纯度基本相同，但明度和色相保持差异性。这幅作品是在色相环 190 度角内取色，并作相等色相梯度秩序。色彩的明度梯度跨度非常大，在 8 个跨度内，呈现相等梯度分布，所以画面色彩对比强烈，整体色彩明度渐变关系细腻。

在色彩氛围方面，这幅作品以冷色系面积为主。其中，灰绿色系色彩所占画面面积比例最大，其次是灰黑色系和灰褐色系色彩。这幅作品的色块聚散度分两大部分：围屋色块与农田、荷塘色块。围屋色块聚散度比较高、比较集中，农田、荷塘色块聚散度比较低、比较分散，两大部分色块各自相对独立，因此整体画面色彩对比强烈，透视效果明显。在这幅作品中，围屋色块为图，农田荷塘色块为底。作者在这幅作品中做出一定的构图改变，推后了围屋民居群的原位置，放置在画面 2/3 横向轴线附近，同时在画面中心轴线附近。

第十三章 个案研究：江西省金溪县南州高第牌坊门楼

（a）

（b）

图 13-1　高第牌坊门楼

第一节　建筑色彩和整体概析

一、建筑色彩分析

江西民居门楼的色彩风貌主要体现在立面部位，主要建筑材料是石材，整体色彩风格质朴淡雅。门楼的主色为蓝色（N）系和无纯度灰色（N）系，呈现中性偏冷的色彩倾向；明度值分布在 4～6，属于中明度区段，呈现弱对比；纯度值集中在 4～9，属于中、低纯度区段，呈现强对比（表 13-1）。

表13-1　高第牌坊门楼色彩分析

	冷暖倾向	色　系	明　　度		纯　　度	
立面	中性、冷色	B、N	弱对比	4～6	强对比	4～9

二、整体概析

江西文明发展的历史可以追溯到距今一万年以前，即新石器时期晚期。以水稻为主的农业生产和饲养业的形成促使江西出现了诸多聚居点，由此文明开始发展。东晋南北朝时期，由于连年战乱，中原地区的人们大量南迁，带来了中原地区先进的文化教育和生产工艺，官吏教化倡导，多地兴起"大修庠序""崇学敦教"的风气，带动了建筑的兴起和发展，使门楼艺术达到了相当的高度。在长期的建筑发展艺术中，门楼逐渐产生了不同的等级规模和职能类型，虽然历史地位和价值各不相同，但是在传统村落建设中都有值得后人借鉴的地方。现今，江西境内还保存有众多原生态的古门楼，其建筑形制、构造装饰以及文化价值都有着浓郁的地域特色，虽然总体尚未形成鲜明的派系风格，但就涵盖全江西省各个地区的门楼来说，却是国内此类型建筑中最为丰富完整的。从江西的门楼建筑中，可以追踪探寻到其诞生、发展、退化以及停止建造的脉络历程，因而这些门楼是极具研究价值的历史文化遗产。

历史上，受建筑材料和生产力低下的限制，通常江西民居的建筑立面极为简朴，建筑材料只限于使用砖块、土坯泥、石料等。因此，要使这么简朴的墙面有一定的表现力，就必须充分发挥建筑材料原生性的本质美感。大多数江西民居建筑的重点都设在建筑主入口处或者村落的主入口处，这些不仅仅是出于实用功能的需要，更是因为大门经常被作为建筑或者村落的重点区域。通常，大门使用青砖砌筑的清水外墙，传统工艺烧制的青砖质量好、规格整齐，运用不同的砌筑方法，如顺砖眠砌、一眠一斗式、二眠一斗式、一眠一斗三花头式、一眠三斗式、全斗式等。这些砌筑方法使墙面形成不同的纹理式样，在门楼区域还使用磨砖对缝的技巧，更显精巧耐看。通常，建筑立面的主要色调包括灰黑瓦面、青砖灰色、黑白墙头布画，这些层次微妙的色彩搭配使建筑外观显得典雅、和谐、庄重。

在江西民居中另一些不是非常重要的建筑立面上，也常见到白灰粉饰，特别是赣东和赣北地区，它们延续了徽派建筑的做法和风格。通常是外墙通体用白灰粉刷，只在墙础部分保留一段麻石、卵石或者砖砌勒脚，在山野乡村的自然环境中显得十分和谐。

江西民居的大门是重点艺术处理区域，通常设有门楼、门罩、门斗和门廊四种形式，其因地制宜、不拘一格，但都能成为民居的点睛之笔。无论哪一种形式的大门，都有一副石质或者木质的收口边框，俗称"门仪"。石质门仪通常由门仪石、门梁石、门枕石和门槛组成。江西的青石门仪非常普遍，工艺高超，制作精湛。大门门仪的尺度和比例都是在房屋主人和当地工匠的尽心推敲下制作而成的，合缝、磨面和出线等都十分讲究，并且在重点部位，如雀替、门挡等构件设有精细的石雕或者木雕。大门都是双开满堂实板门，门宽度通常为 1.2 ～ 1.6 米，高度通常为 2.3 ～ 3 米，少数会超过 3 米。接下来具体介绍大门的四种形式。

（一）门楼

门楼是指民居建筑的大门，通常是一户人家富裕尊贵的象征。大户的门楼建造精美，其造型、尺度和朝向都很讲究。门楼可分为总门楼和边门楼。总门楼通常位于村落的交通干道上，是界定村落内外的空间节点。边门楼通常在多条道路的出入口位置，既是进出村的交通性建筑，又是标志性建筑。根据门楼是否有屋顶可分为有厦式和无厦式。平面有进深尺度且有屋顶覆盖，形成室内空间的门楼可称为有厦式；当门楼平面无进深，主体仅有一面墙体，即无厦式。按其平面形态，门楼又可分为"一"字形和"八"字形。

明清时期的赣东地区商贸经济发达，贵人辈出，有"满朝文武半江西"的说法。大量高官显贵回到家乡置业时，刺激了当地村落的建筑行业。门楼作为村落中重要的公共建筑，到明清时期发展到了鼎盛期，展现出举世瞩目的艺术高度。本章中的门楼即在江西省金溪县小耿村西南端，门楼坐北朝南，四柱三间三楼式，总面宽 6.8 米，通高 6.2 米。门楼主体的两侧有"八"字墙体，当心间开门以供村里居民出入，门楼屋顶呈庑殿顶形式。门框上方的额楣有"南州高第"四字石刻，上枋枋心有鱼跃龙门的图案，箍头是荷花水鸟图案。门框右边题有"明万历乙未年孟春月吉日"，左边题有"福建省参议门婿□□□□"（后边四个字不可辨认）。门框额楣左右两边是石雕矮柱，右侧是"雀鹿蜂猴"图案，取意"爵禄封侯"，左侧是猴、鹿、鸟、马、蜜蜂、牡丹等图案。下枋枋心是龟锦包袱纹样，底纹是连续云纹图案。同时，下枋有三颗石质门簪。门楼庑殿屋顶下石质镂空雕刻斗拱，斗拱之间有花草纹样的石雕。

门楼边楼下半部分是仿窗石板，门框上有雕有花纹的雀替。门楼边楼上半部分是空白有边框的额楣，下额枋是菱形花纹连续纹样石雕，枋心是三角形花草纹石雕。门楼的四根石柱有龟锦纹石雕，柱子下方有造型敦实的柱础。

南州高第牌坊门楼整体为青石结构，用材粗壮，造型古朴，结构稳定，是金溪县内少数保存完整且具有明确纪年的明代牌楼，显示了当时设计人士和雕刻匠人的美学水平与工艺技巧，是一栋集建筑、石雕、书法于一体的杰作。

（二）门罩

通常，普通的民居建筑大门不多加装饰，只在大门上方加设门罩作为点缀。最简单的门罩是用青砖叠涩外挑几层线脚，间或进行少量装饰，然后在门罩上方覆盖瓦檐。另外，比较常见的做法还有以下两种。①用挑手木从墙面伸出，上架三檩小披檐。如果经济条件允许，还会加以垂柱，雕刻梁枋，檐角起翘，并饰以鳌鱼花脊等装饰物。门梁石上的墙面嵌有字碑或者彩画、砖雕等。②顺着坡屋顶延伸出一段作为门罩披檐，檐下做少量装饰，显得简洁利落，非常符合江西民居的简朴之风。

（三）门斗

门斗在江西民居建筑中使用得比较普遍，是指在大门入口处向室内凹退一段距离。通常的做法是，梁架前沿架设一条剥腮扁平月梁，两侧墙边设有垂柱，檐桁与月梁之间设有卷草纹饰，门斗上方饰以鹅颈轩顶棚，门仪的上槛点缀有若干门簪。与大门的其他形式不同，门斗的使用功能更为突出，可以为人们避风挡雨，也可以为来访之客提供等候、歇息的地方。另外，从建筑美学的角度来看，门斗使本来平缓的建筑立面发生了凹凸变化，打破了原有节奏，增加了空间感和装饰效果。

（四）门廊

在大门的四种形式中，门廊属于少见的类型。为了解决通风采光和交通的问题，通常为在开间较多的民居前沿设有一列檐柱，在门前构成一个线性柱廊空间。通常，门廊设计得隆重精美，是一个豪门望族的身份和地位的象征。通常的做法是：在民居中轴线两侧借取次间的部分面积，构成比正间稍宽的三开间门廊。廊柱用两层挑手木支托大出檐，上设封顶，在雀替等处设有精美的木雕构件。在保证大门风水方向的基础上，门廊的定位会根据地形位置灵活变通，使民居显得颇为活泼生动。

上述四种形式的门楼，无论是位于何处，从其形式均可以看出，它们的起源与大门不可分割，其通常以组群形态出现，在强调"仪式感"的中国传统村落、建筑、院子中，往往只有通过门楼才能进入其中。由此可见，门楼这类建筑对传统空间具有特别重要的意义，值得专业人员进一步研究。

第二节　色彩和谐

图 13-1 这幅作品表现的主题是江西省金溪县小耿村西南端的门楼，采用了倾斜 3/4 的仰视角度，拍照时间是正午时分，阳光照射条件很好。所用颜料为德国史明克牌大师级固体水彩，以及有暖灰色和冷灰色的酒精马克笔，画面局部区域使用了国产留白胶进行纸张留白处理，纸张为中国宝虹牌水彩纸 300克，中白色，四开规格，细纹纹理。绘制总用时约 2 小时。

一、色彩家族因素分析

这幅作品的表达主题相对简单，即一座有厦式"八"字形门楼，并且着重表现门楼的上半部分，适当虚化下半部分。门楼的青石材质在阳光的照射下呈现强烈的明暗对比，这种对比决定了画面的色彩应有"黄昏感"，呈现大面积黄色系色彩状态（图 13-2）。所以，这幅作品整体色彩偏暖色调，明暗对比和冷暖对比强烈。在色彩三要素中，这幅作品选择了明度基本相同这一项，纯度和色相不尽相同，主要色块对比如图 13-3 所示。

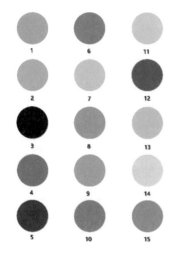

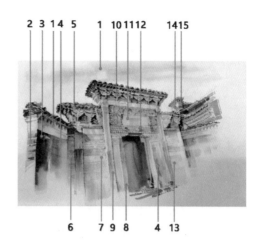

图 13-2 主要色块分析

图 13-3 主要色块对比

这幅作品的色彩明度基本相同，因为画面中的大多数区域属于背光面和投影区，绝大多数色彩的明度比较低，表现出阴暗、含蓄的观感，尤其是门口本身是"八"字墙体排列，有复杂的斗拱、庑殿顶和石雕等元素，彼此之间互相有穿插的投影，这种状态增加了色彩明度的微妙感：既要表现出小区域的色彩明度差异，又不能跳脱于大环境的明暗面关系。这种色彩明度微妙感是创作这幅作品的难点之一。这幅作品的色相差异性表现在色相环跨度为 180 度，包括一种互补色系列：橙色与蓝色，属于大跨度色相阶层，以蓝色、绿色、黄色和橙色为主（如某些墙裙有青苔，所以有少许绿色倾向）。这幅作品的纯度差异性不仅体现在单色上，也体现在多色上。在单色方面，灰色、褐色和橙色这些单色本身都有纯度差异。灰色系列的明度差异表现在 1 号色、2 号色、3 号色、9 号色、13 号色、14 号色和 15 号色上；褐色系列的纯度差异表现在 4 号色、5 号色、6 号色、10 号色和 12 号色上；橙色系列的纯度差异表现在 7 号色和 11 号色上。在多色方面：画面中各种色彩组合成一系列有明显差异性的画面整体纯度。纯度从高到低排列依次是白色、橙色、灰色、褐色和黑色，纯度阶层非常明显，纯度跨度饱满有序。

二、色彩秩序原则分析

（一）色相的色彩秩序分析

这幅作品选择了在色相环 180 度角内取色，并作相等色相梯度秩序（图 13-4）。主色一共有四种：蓝色、绿色、黄色和橙色。其中，包括一种互补色关系——橙色与蓝色，以及另一种不严格的互补色关系——橙色与紫色。主色的色相分为两个极端，各边为三个色相，中间相隔少许蓝色（天空色）。因此，这幅作品的色相跨度很大，但是在灰色（纯度）的调和下，画面整体色相的色彩秩序在跨度中呈现和谐的状态，色相关系平衡。

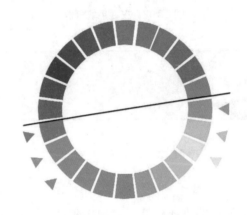

图 13-4　色相的色彩秩序分析

（二）纯度的色彩秩序分析

因为这幅作品以黄褐色系色彩为主，本节仅从这幅作品中选取 4 号色、5 号色、6 号色、12 号色作为分析对象（图 13-5）。

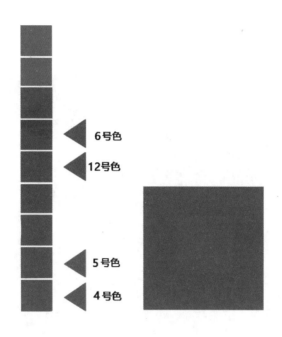

图 13-5　纯度的色彩秩序分析

从图 13-4 可以看出，这幅作品的纯度色彩秩序跨度比较大，在 9 个跨度量中已经包括在 6 个跨度以内，从高纯度至低纯度排序分别是第 4 度（6 号色）、第 5 度（12 号色）、第 8 度（5 号色）、第 9 度（4 号色），呈现相等梯度分布，并且两个色是彼此相邻的状态，没有相隔色。中纯度色彩与低纯度色彩相隔 2 个梯度。纯度的色彩秩序差异表现如下：①包含一个极端纯度，即第 9 度；②纯度梯度的差异性比较大；③色彩纯度主要集中在中、低纯度梯度内。所以，画面色彩对比比较强烈，受光面的整体色彩纯度渐变关系比较细腻。

第三节　色彩氛围

一、面积比例

这幅作品的暖色系色彩所占画面面积比例最大，占到整幅画面 70% 以上（图 13-6）。这些色彩对整体画面氛围具有相当大的影响力，体现了门楼建筑在阳光照射下的受光面色彩关系，塑造出一种"黄昏感"的氛围。门楼的边楼的冷色系和天空的冷色系作为暖色系色彩的有益补充，体现在门楼青砖质感、门楼阴影、远景天空等区域。

图 13-6　色彩面积分析

　　整幅画面呈现的色彩饱和度不高、纯度跨度变化较大，明度跨度变化不大，色相数量不多，这与画面表现事物比较单纯有关。为了体现门楼的高耸感和建筑细节，作者采用了俯视角度，并且采用了低饱和度的暖色调色彩来表现门楼。另外，对于画面中唯一大面积的冷色调区域，即画面左边的冷灰色墙体，虽然其面积在画面中不是最大的，但处于近景，并且面积比较大，所以作者主观地把其纯度降低到极端纯度，从而衬托出黄褐色区域的明度和纯度，既可以压住画面收口，保持画面平衡，又可以保持门楼当心间的主体重要性。这是利用了本书第四章第二节中所阐述的"同时对比"原理：用一种强烈色彩（即前边所提及的极端纯度冷灰色）影响画面中所有的色彩，在这种强烈的视觉刺激下，人眼会自动寻求平衡，以其相反的明度来补充画面，所以画面中的暖色调明度更高、纯度更高（但是，实际上暖色调本身明度和纯度并未改变）。

　　色彩个性分析方面：这幅作品中色彩偏暖色调，画面中最主要的色彩是蓝色、绿色、黄色和橙色。

（一）蓝色

这幅作品中的蓝色主要表现在天空区域、近景左侧墙体区域。蓝色并不是以单纯的色相形式出现的，而是以灰色＋蓝色的混合形式出现的。蓝色的纯度非常低，明度比较高。画面中蓝色出现的原因有两个：第一，远景的天空；第二，门楼的青砖墙体。

这幅作品中的蓝色意味着自然和调和。虽然蓝色区域面积比较大，但是其低纯度、高明度的特点使其在视觉上并不突出，更能推远天空的视觉错觉，简单表现出门楼所在的自然环境——天空的色相特征即可。另外，在画面中除占有绝对主体面积的暖色调之外，用蓝色和蓝灰色来调和画面视觉平衡，也表达出门楼的青砖质感和投影冷色。

（二）绿色

这幅作品中的绿色主要表现在画面左侧的门楼墙体区域。绿色纯度非常低，明度同样非常低；以灰色＋绿色的混合形式出现。画面中出现绿色的原因是墙裙和墙础有青苔。

这幅作品中的绿色意味着自然和历史感。首先，虽然绿色的纯度和明度都非常低，但是其本身的微妙变化，再加上处于非常靠近观众的位置，使绿色视觉感非常清晰。其次，整体画面都是黄、橙、褐色调，包括蓝色区域中也有少许暖色，但是绘画理念不会允许画面出现完全暖色调，而绿色恰恰是可以从暖到冷色调中做调和而不显生硬的色彩。另外，绿色也可以作为对远景天空蓝色的呼应，低纯度的绿色和蓝色相得益彰，这种低对比度的近似色处理，恰恰与门楼的历史感相符合。

（三）黄色和橙色

这幅作品中的黄色和橙色主要表现在门楼的墙体区域，分为受光面的黄橙色（如 7 号色、11 号色）和背光面的黄褐色（如 5 号色、12 号色）两大类，其中受光面的黄橙色占更大比例。背光面以黄褐色为主，纯度比较低，明度比较低；受光面以黄橙色为主，纯度比较低，明度比较高。画面中黄色和橙色出现的原因有三个：第一，门楼的部分墙体由土砖材料砌筑，呈现泥土的黄褐色状态；第二，门楼有背光区域，并且有复杂的斗拱、石雕等细节，使投影叠加更显复杂，黄橙色转变为黄褐色，色相相近，但明度降低。

这幅作品中的黄色和橙色意味着乡土和本质原始状态，明度和纯度都跨度比较大，体现出鲜明的日照投影关系。因为门楼由砖块砌筑，构造讲究，所以画面中黄色和橙色色块边缘整齐均衡，有明显的砖块几何形体特征，平衡了天空的柔和感。

另外，这幅作品中除了上述四种色彩，还有白色和黑色等无情色彩。这些色彩面积比较小，形态细碎微小，对题材表现也没有起到决定性作用。另外，虽然这幅作品中的灰色是非常多的，但是都不是纯正的灰色调，而是带有各类色调倾向的灰色，所以本节不对这些无情色彩进行阐述。

二、色块聚散度

这幅作品的色块聚散度分为两大部分：暖色类色块和冷色类色块。暖色类色块在画面中心区域，所占画面面积较大，色块聚散度比较高、集中。冷色类色块聚散度比较低、分散。在这幅作品中，暖色类色块为图，冷色类色块为底。

这幅作品体现的是夏末秋初的风景，日照强烈，天空肃远，门楼的整体形态单纯，装饰细节复杂，画面角度强调三点透视的空间感，色块呈现大整体、小繁杂的状态，色彩与色彩之间边缘的边界数量不多。所以，作者在三类色块聚散度中选择了强烈对比的方法，用色大胆，前景、中景和远景的对比效果非常清晰。

（一）色温对比

这幅作品同时使用了冷色调和暖色调所产生的色块对比。其中，冷色调包括天空区域的灰蓝色、近景门楼墙体的灰蓝色和灰绿色、近景的墙体部分黑色投影等；暖色调包括门楼墙体灰黄色、灰橙色和黄褐色、门楼背光面的灰色、门楼投影等。画面中出现了蓝色系列和黄橙色系列，这两个系列本是最强烈的色温对比，但是由于降低了纯度，画面中其他色彩无论靠近哪一个系列，色温对比都比较温和，冷暖趋向变化比较缓和。

（二）补色对比

这幅作品使用了一种补色对比：橙色与蓝色。这种极端的平衡关系使门楼的背光面和受光面清晰，建筑块面关系鲜明，也符合"夏末秋初"的印象。画面中这两个互补色直接相邻，并且各自所占面积都比较大，但是各自的纯度都非常低，而且色彩的相邻界线都以建筑细节的形式进行画面切割，所以画面冲击力比较柔和。另外，作者用灰黄色和黄褐色进行过渡，减小了这些色相的跨度。

（三）纯度对比

为了表达出强烈的对比效果，作者使用了以色彩还原度高而闻名的史明克牌水彩颜料，并且主观降低了蓝色的纯度、局部黄色的纯度和绿色的纯度，这是通过加入白色、灰色颜料或者加水来实现的。在近景和中景的门楼及投影区域，水彩颜料浓度很高，只加入了极少水量，甚至在门楣、墙体转角、大门投影等区域，使用暖灰色酒精马克笔进行最后铺色；远景的天空、两侧门楼附属建筑及投影区域，水彩颜料浓度很低，使用湿画法打底，并且在铺色时加入了水分，颜料与清水的调和比率在 1：1.5～1：2。需要注意的是，因为门楼的细节非常多，如斗拱和石雕，画面左右两边的建筑细节可以适当虚化，但是门楼当心间的建筑细节是无法虚化的，需要极其耐心地进行绘画。例如斗拱，不仅需要刻画出水平放置的斗、升和矩形的拱及斜放的昂等构件，还要刻画出这些构件彼此的投影，所以在这些区域，纯度是无法降低的，只能按照各自的纯度如实表现。

三、构图改变

（一）横向轴线

这幅作品所着重表现的是门楼上半部分，如屋顶、斗拱和门楣等，相对而言，门楼下半部分比较简单，所以门楼下半部分相应地做出虚化处理。在构图上，门楼整体朝画面上半部分移动约 1/5 高度，塑造出三点透视的空间感。门楼上半部分的位置在整体画面 2/3 横向轴线附近，下缘不超过这条横向轴线的下边缘 1/5 幅度。

（二）主观改变

门楼本身是比较简单的建筑，所以为了保证能够表现出门楼的主体性，作者对这幅作品的构图做出了主观改变：虚化远景的天空、左右两侧的墙体下半部分等，并虚化了大门内部的事物；把门楼当心间的位置偏离竖向中轴线，移至画面左边，用竖向的石柱、门框、砖块等元素形成从下至上的导向线，把视线引导至画面中心上方的斗拱和屋檐，突出这些建筑细节的主体性。

（三）色块明度

门楼的受光面的色彩主要是白色、黄色和橙色，明度非常高，并且都在竖向轴线附近，面积也比较大，所以作者把门楼左边墙体的色块明度相应降低，并且主观地把这面墙的墙角区域做拉伸处理，使其从视觉上更加靠近观众。

（四）无情色彩

这幅作品的色块都比较零碎，意味着不同色相之间的小面积对比很多，即存在了很多色块拼接的边界，这些边界的优势在于切割画面，画面活泼并且凸显门楼本应有的精致感。为了维持画面的强烈对比，但不能显得刻意，作者在门楼左侧墙体和大门的色块边缘加入了黑色和灰色的无情色彩，门楼左侧墙体区域的无情色彩是为了强调墙体的重量感，衬托受光面的暖色；大门区域的无情色是为了从视觉上推远大门里的事物，从而突出大门两侧的石雕和门框细节。

第四节　小结

门楼是传统民居建筑的重要组成部分，是一户人家社会地位的象征。明清时期赣东地区的经济发展和高官显贵回乡置业潮，使这个地区出现了诸多精美的门楼建筑，位于金溪县小耿村西南端的南州高第牌坊门楼就是其中之一。门楼整体为青石结构，由主体和边楼两部分组成，主体呈四柱三间三楼式。门楼屋顶呈庑殿顶形式，屋顶下的镂空雕刻斗拱和花草纹样石雕，是门楼最为精美之处。门框上方的额楣有"南州高第"四字石刻，即这座门楼名称的由来。另外，门楼上雕刻诸多的石雕传统图案。门楼稳定、古朴和敦实的风格，决定了这幅作品的色彩关系单纯，色彩氛围呈现渐变细腻和统一的状态。

在色彩和谐方面，整幅画面明度基本相同，而色相和纯度不尽相同；色相的色彩秩序控制在色相环180度角以内，并呈现相等色相梯度秩序。其纯度色彩秩序跨度比较大，呈现相等梯度分布，色彩对比比较强烈，受光面的色彩渐变关系比较细腻。

在色彩氛围方面，同属暖色系的门楼建筑色占有画面的大部分面积。色彩聚散度分为暖色类色块和冷色类色块两部分，暖色类色块聚散度比较高、集中，冷色类色块聚散度都比较低、分散，暖色类色块为图，冷色类色块为底。作者对构图做出主观处理改变，着重表现门楼的上半部分，画面采用三点透视法，将门楼整体朝画面上半部分移动约1/5高度，其位置在整体画面2/3横向轴线附近，下缘不超过这条横向轴线的下边缘1/5幅度。

第十四章 个案研究：安徽省黟
县南屏村民居群

（a）

（b）

图 14-1 南坪村民居群

第一节　建筑色彩和整体概析

一、建筑色彩分析

徽派民居是我国南方传统民居建筑的一个重要流派。徽派民居代表之一南屏村民居群的色彩风貌主要体现在建筑屋顶、门窗和墙身部位，主要建筑材料是小青瓦、石材和批灰材料，整体色彩风格质朴淡雅。南屏村民居群的主色为无纯度灰色（N）系和蓝色（B）系，呈现中性偏冷的色彩倾向；明度值分布在 3～8，属于高、中、低明度区段，呈现强对比；纯度值集中在 5～9，属于中、低纯度区段，呈现强对比（表 14-1）。

表14-1　南坪村民居群色彩分析

	冷暖倾向	色　系	明　度		纯　度	
建筑群体	中性、冷色	N、B	强对比	3～9	强对比	5～9

二、整体概析

徽派民居的形成，很大程度上受到徽商及群体文化的影响。徽商贾而好儒，笃信程朱理学，尊崇孔孟之道。徽商发展至明清时期达到鼎峰，经济实力雄厚，其经营所得经常被用于购买田地、修建宅邸、修筑路桥、扶植子弟教育等。这一方面体现了徽商的家族群体意识，另一方面也能体现徽商的自身价值，不仅为自己和家人建立了舒适场所，也为子孙后代留下了充足的遗产。因此，徽派民居是为了维护封建伦理和群体利益而建的，具有丰富的儒家思想文化内涵，兼具实用性和艺术性。

从历史地理环境来看，徽州位于皖南地区，该地区山体连绵，气候温和，降水量充沛，尤其是夏雨密集，梅雨显著。显然，过大的降水量不利于建筑的保存，所以徽州先民使用了诸多本土建材材料，使建筑能历经多年风雨仍保持原有风貌。在建材资源方面，徽州盛产杉树、松树、柏树等优质木材，又有天然涂料桐油、石灰石等。在此基础上，徽派民居普遍采用青瓦、白墙、青砖、木料、石灰等本土材料建造，墙基多用石料砌筑，墙身多用青砖或者土砖砌筑，灰缝使用砂浆粉刷，屋顶使用青瓦覆盖或者造型，内柱、内墙和梁等大木作使用木料制作。值得一提的是，民居外墙经过多年风雨产生了美丽的图案，为原本留白的墙体增加了风韵。这种因地制宜、巧妙使用本土材料的建造思路，不仅大大降低了建造成本，还展现出徽州的人文风情和审美观念。虽然建材资源的来源十分广泛，种类纷杂多样，但是具有非常鲜明的空间逻辑思维，无论是材料的图案、肌理，还是色泽的选择，都非常讲究，呈现了原始生态和自然的美感，体现了对立统一的美学规律，使徽派民居与周边自然环境交相辉映，达到了完美的建筑艺术效果。

徽派民居是我国传统民居建筑的一个重要流派，在这个流派发展成形的过程中，受到古徽州地区及泛徽地区的地理环境和人文观念影响，显示出非常独特的地域特色，在平面布局、外观造型、建筑结构、建筑装饰等方面自成一格。

在平面布局方面，徽派民居通常为多进院落式集居形式，坐北朝南，靠山面水。平面布局以中轴线对称分列，进门为前庭，中设天井，后设厅堂，厅堂通常面阔三间，夏日三间敞开，冬日设活动隔扇封闭。厅堂通常设两廊，正对天井。民居里的每一进院落都与其他院落相套，塑造出纵深封闭、自给自足的家族生存空间。中轴线的平面布局方式体现了徽州先民通过均衡与对称追求"中庸"的传统思想理念。各类房间的分布呈现了对主轴线"中"字的呼应，次轴线由中心向四周散开，显得井然有序，其中可以看出徽州先民强大的空间逻辑思维和群体凝聚力。当然，这种平面布局是中国传统建筑的共有特点，但是徽派民居的前后左右都设有精致的花园和庭院，不厌其烦地设置各种装饰于其中，主次分明，相互映衬，步步簇拥，从而展示出独特的空间美学。在外观造型方面，徽派民居外观设计强调"整体美感"，白墙黛瓦、高墙封闭、马头翘角，黛瓦的墙线错落有致地形成有别于青山绿水的建筑天际线。在建筑结构方面，徽派民居以"封火墙"最为闻名。封火墙高耸林立，层次高低进退。房屋除大门外，外墙只开少数小窗，采光主要依靠天井。各封火墙叠加在一起，形成点、线、面的几何形状，增加了民居建筑的扁平感和整体感。屋顶的青瓦造型就像是在封火墙边缘上设置了一个边界，形成了水平方向线条的运动感，明快而不轻佻，增加了空间的层次感和韵律美。在建筑装饰方面，徽派民居色彩淡雅大方，除了白墙黛瓦的黑白双色，还有各种微妙的水墨灰色。色彩是一种直白而又强烈的视觉语言，是建筑美学中最容易被识别和记忆的对象。徽派民居中大量运用黑和白这一组极端反差色，其间丰富的灰色变化层次又显得儒雅含蓄。在表现能力上，白色这种富有表现张力的无情色彩，其情感价值和联想价值更为珍贵。在日晒侵蚀、风吹雨打的岁月推移中，大块的白色墙体，犹如一块白布，产生了斑驳与脱落，给人以水墨晕染的感受，变幻出各式美丽的图案，映出大自然的情绪和魅力，从远处看，俨然是一幅符合江南地域氛围的水墨画。另外，富丽堂皇的三雕之色也是一大亮点。三雕是指石雕、木雕和砖雕。青砖门罩和门楼、石雕漏窗和脊饰、木雕花窗和楹柱都与民居本身融为一体，赋予民居浓厚的人文色彩。三雕题材广泛、内容丰富，并且十分重视题材的社会教化价值和宗族伦理性表现。为了增强建材的耐久性，并不做过多的装饰，尤其是木雕，并不过多使用油漆，而是在木材表面涂上一层清漆，这样既可以在不破坏木材质感的前提下，利用木材原有的高品质色泽和纹理，更能体现出精细的雕刻工艺和审美水准，质朴高雅，实现了人、工、自然美的有效统一。本章中南屏村就是徽派民居中的代表之一。

南屏村位于安徽省黟县西南端，已有两千余年的历史，其原名为叶村，因其最早定居在此的家族为叶氏，后因为村落北靠南屏山，遂改名南屏村。从清代开始，南屏村进入了繁荣发展时期，形成叶、程、李三大姓氏的多姓村落。目前，南屏村民居群整体情况依然较好，保存有72条深巷、36眼井和300多栋明清民居，其中8个祠堂所形成的祠堂群在村落中200多米的中轴线上有序分布，是该村的一大特色。南屏村的民居、祠堂、书院、寺庙、亭阁、园林都呈现小巧雅致、神秘深幽的氛围，各类建筑纵横交错、拐弯抹角，形成了迷宫般的空间格局，而这座迷宫中的狭窄蜿蜒的巷道与高大错落的封火墙，就是本章个案研究力图表现的主题。

在村落选址方面，南屏村是一座规模宏大的村落，充分考虑了山、水、地三大基本构成。南屏村总体地势是西北低、东南高。村西有西山、西园与其隔水相望，村北由武陵溪自西向东穿过，又有玉带溪、西干溪和曲源溪相继被引入村落，从而造就了南屏村三面环水、一面背山的风水格局。

在建筑装饰方面，南屏村的"三雕"极具代表性。"三雕"是南屏村文化的物化体现。村落里的民居，从屋里到屋外，从地面到屋脊，大多集木雕、砖雕、石雕于一体，成为一整套严谨的空间艺术品。这些雕刻艺术技艺之精美、构思之巧妙、内容之丰富，几乎达到了传统中式雕刻艺术的顶峰。

木雕主要集中在梁架、斗拱、雀替、檩条、栏杆、华板、门窗扇页等木质构件上，南屏村古祠堂代表——叙秩堂的雕花厅中的木雕特别精美，图案繁杂。其中，大门至正厅的厢廊设有木雕门裙，双面镂空的莲花图案中镶有七幅金钱连结图；左右阁厢门上雕有牡丹、麒麟图案；门窗扇页的木雕均是双向镂空，雕有蝙蝠、条鱼、双线等图案；外窗的窗台上雕有"郭子仪做寿"的戏文主题木雕，非常生动，显示出徽州木雕艺术的不朽魅力。

砖雕主要集中在门罩、门楼、"八"字外墙和神龛等部位。砖雕多采用水磨石青砖材质，砖材表面刻有丰富的砖雕图案。例如，在梁驮华板区域，多雕刻有历史人物和花鸟图案；在宽大的横枋区域，雕刻有民间故事和人物主题的雕花；在雀替、枋头区域，多雕刻有神态各异的小狮子；青砖门罩多雕刻有精细的花草图案，豪华气派。

石雕主要集中在规模较大的祠堂或者大户的正厅，如叙秩堂、程家祠等。程家祠大门区域有由石鼓、鼓座、护栏组成的"黟县青"石雕；两座石鼓上雕有"高山流水""苍松飞鹤""宝塔城廓""亭台楼阁"图案的四幅山水画；鼓座正面雕刻有宝鼎、花瓶、白象、青狮的图案；石鼓护栏上雕刻有"八骏""十鹿"图案，是国内非常少见的雕刻艺术主题。

南屏村的民居建筑虽具有相对独立性，但是就全村范围来看还是彼此呼应的，体现出了徽派民居中所提倡的儒雅特色和空间逻辑。从这有序的建造体系中，人们可以看到徽州先民以家族为单位，建立门庭、聚族而居的传统儒家观念，以及以儒家伦理道德为准则，天人合一、中庸而行的人生理想。20世纪80年代以后，随着旅游业的迅速发展，以南屏村为代表的徽派民居的知名度不断提升，导致今天的徽派民居已经产生了巨大的变化，但一直维持着历史价值、艺术价值，以及至今也没有失去的实用价值。在飞速发展的当代社会中，这种维持显得特别珍贵。正因为如此，徽派民居受到了国内外学者、游客的关注，他们尊重其历史地位，肯定其伟大贡献，继承其优秀传统。

第二节 色彩和谐

图14-1这幅作品采用了安徽省黟县南屏村巷道的人视高度，采用了两点透视角度，非绝对中心对称轴线，以竖向轴线构为基准。拍照时间是冬季时节的上午。所用颜料为俄罗斯白夜牌艺术级固体水彩，同时使用了黑色、冷灰色的酒精马克笔。纸张为中国宝虹牌水彩纸300克，中白色，4开规格，细纹纹理。绘制总用时约2小时。

一、色彩家族因素分析

这幅作品中的南屏村民居群具有非常典型的徽派民居色彩特点：整体淡

雅大方，建筑固有色是黑白双色，并受到天空、水渠、木雕等配景环境色的影响，着重表现封火墙、门窗与门罩的深色系色彩，适当虚化远景区域的色彩。这种固有色、环境色和主观处理意识，决定了画面色彩呈现"少、冷、幽"的氛围（图14-2）。所以，这幅作品整体色彩偏冷色调、明暗对比和冷暖对比非常强烈。在色彩三要素中，这幅作品选择了色相基本相同这一项，纯度和明度不尽相同（图14-3），主要色块对比如图14-4所示。

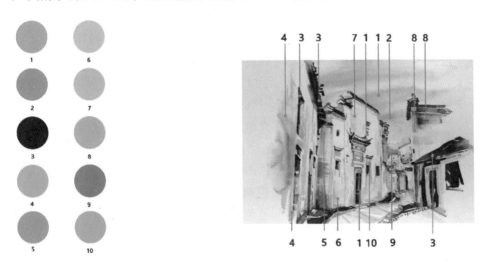

图 14-2 主要色块分析

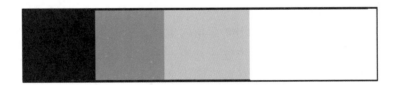

图 14-3 明度对比

图 14-4 主要色块对比

这幅作品的色彩明度差异很大，除了黑白两个极端明度色彩之外，其余色彩的明度跨度也很大。画面中的冷色系列和暖色系列都存在着不同程度的灰度调和，用湿画法和干湿结合画法表达出来，力求表现出徽派民居所特有的"水墨感"，整体画面中的民居墙面和封火墙区域因为色彩明度的巨大差异而产生一种矛盾感，视觉冲击力很大，这是符合徽派民居本身的建筑气质的，如蓝色系色彩的纯度差异表现在2号色、3号色、8号色和9号色上，纯度阶层非常明显。这幅作品的色相差异性表现在色相环跨度接近180度，包括一种对比色系列：黄色与蓝色，属于大跨度色相阶层，以褐色、黄色和灰色为主，加入少许蓝色。这幅作品的纯度差异性体现在灰色上，在大统一的灰色系色彩前提下，在不同画面区域都加入了不同的色彩，体现出各自的纯度差异。例如，在受光面区域，灰色系色彩加入了黄色，其纯度差异表现在4号色、5号色、6号色、7号色和10号色上；在背光面区域，灰色系色彩加入了蓝色，其纯度差异表现在2号色、8号色、9号色上。纯度从高到低排列依次是白色、暖色倾向的灰色、冷色倾向的灰色和黑色，纯度阶层非常明显。

这幅作品的主要色块集中在冷色调，如8号色、9号色，以及黑、白、灰三种无情色彩，三种无情色彩占有总色块1/2以上，这是在手绘作品中非常少见的处理方式。画面中存在少量暖色调，但是暖色调的纯度非常低。

二、色彩秩序原则分析

（一）色相的色彩秩序分析

这幅作品选择了在色相环180度角内取色，并作相等色相梯度秩序，仅采用两种对比色（图14-5）。主色一共有三种：黑色、白色、灰色。需要说明的是，灰色包括纯灰色和带有色彩倾向的灰色。另外，包括一种互补色关系——黑色和白色，以及一种对比色关系——黄色与蓝色，黄色与蓝色之间没有相隔色相。因此，虽然这幅作品的色相数量不多，但是跨度非常大；虽然整体色相的色彩秩序很规整，但是色相关系不平衡，具有矛盾冲突的视觉美感。

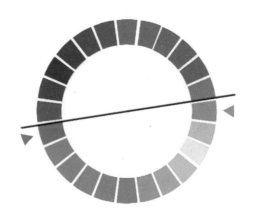

图 14-5　色相的色彩秩序分析

（二）纯度的色彩秩序分析

这幅作品以黑白系无情色彩为主，黄蓝两种色彩来源于天空、石质门罩、木雕等配景。本节从这幅作品中选取 4 号色、5 号色、7 号色、10 号色为例进行分析（图 14-6）。

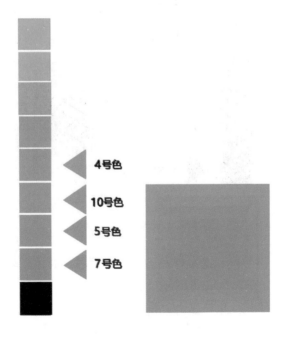

图 14-6　纯度的色彩秩序分析

从图 14-6 可以看出，这幅作品的纯度色彩秩序跨度不大，在 4 个跨度以内，呈现相等梯度分布，从高纯度至低纯度排序分别是第 5 度（4 号色）、第 6 度（10 号色）、第 7 度（5 号色）、第 8 度（7 号色）。呈现相等梯度分布，并且 4 个色是彼此相邻的状态。纯度的色彩秩序差异表现如下：①单色不包含极端纯度；②单色纯度梯度的差异性极小，多色纯度梯度的差异性极大；③色彩纯度主要集中在中纯度梯度内，少数在低纯度梯度内。所以，画面色彩纯度对比非常柔和，受光面色彩和暖色环境色的纯度渐变关系比较细腻。

（三）明度的色彩秩序分析

本节从这幅作品中选取 2 号色、3 号色、8 号色、9 号色为例进行分析（图 14-7）。

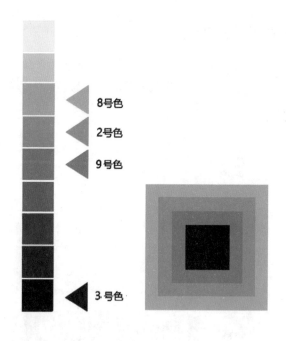

图 14-7 明度的色彩秩序分析

从图 14-7 可以看出，这幅作品的明度色彩秩序跨度比较大，有 7 个跨度，呈现非相等梯度分布，从高明度到低明度排序分别是第 3 度（8 号色）、第 4 度（2 号色）、第 5 度（9 号色）、第 9 度（3 号色）。明度的色彩秩序差异表现如下：①单色包括一个极端明度，多色包括两个极端明度；②明度梯度的差异性比较大；③色彩明度主要集中在中、高明度梯度内，极少数色彩在低明度梯度内。所以，画面色彩对比强烈，背光面、投影和瓦片的蓝色系色彩的明度渐变关系比较粗放。

第三节　色彩氛围

一、面积比例

这幅作品的黑白系无情色彩所占画面面积比例最大，占到整幅画面70%以上，其余是黄色系和蓝色系色彩（图14-8）。黄色系色彩主要在民居建筑受光面，蓝色系色彩主要在远景天空和建筑投影等区域。

图 14-8　色彩面积分析

整幅画呈现的色彩饱和度不高、明度跨度很大。从色相环上看，从黄色到蓝色，跨了接近180度色相环，同样属于跨度比较大的状态。为了体现南屏村内巷道的狭窄感，作者大幅提高了民居外墙的色彩明度，也就是留白。另外，作者不仅尽量压低门窗、封火墙这些区域的明度，还把低明度区域尽量集中在巷道透视线方向和中心竖向轴线，从而拉大了整幅画面色彩搭配对比度；民居外墙受光面的色彩带有明显的暖色倾向，纯度比较低，这不仅能够平衡中、远景大面积的黑色、白色和纯灰色，还能体现民居的烟火气。

色彩个性分析方面，这幅作品中的徽派民居色彩以黑、白、灰色系为主。由于受太阳照晒，民居本身的冷暖对比较小。这幅作品中最主要的色彩是无情色彩、黄色和蓝色。

（一）无情色彩

这幅作品中的无情色彩包括黑色、白色、纯灰色。黑色是使用黑色水彩颜料绘制而成的，实际上极少数区域还使用了黑色酒精马克笔。白色为纸面留白处理。纯灰色是使用灰色水彩颜料绘制。无情色彩主要分布在民居（包括其墙体、门窗和屋顶）区域。其中，白色占据了大部分画面面积，其次是纯灰色。明度比较高，纯度比较高。画面中无情色彩出现的原因有两个：第一，徽派民居本身固有色就是无情色彩，所形成的建筑气质也是如此；第二，民居的背光面或者投影区域的明度极低的区域。

在这幅作品中，无情色彩意味着本质原始状态，即徽派民居中青瓦、白墙、青砖、木料、石灰等本土材料。这种低纯度的无情色彩能体现徽派民居的建造材料特征。画面中高低错落的封火墙组成了几何形态的建筑天际线，为严肃低调的画面氛围增添了活泼感。因为巷道狭窄，日照条件不是非常好，民居墙体和屋顶的受光和背光关系并不明显，所以纯灰色的没有做色彩倾向处理。

（二）黄色

这幅作品中的黄色主要分布在民居墙体的受光面，分为黄色（如 4 号色、6 号色）和褐色（如 5 号色、10 号色）两大类，其中黄色占更大的画面面积比例。前景以黄色为主，纯度比较高，明度比较高；远景以褐色为主，纯度比较低，明度比较低。画面中黄色出现的原因有三个：第一，在阳光投射下，民居墙体的受光面呈现暖色状态；第二，受到岁月洗礼之后，原本白色的民居墙体出现了纹理和图案，呈现带有灰色倾向的暖色状态。

在这幅作品中，黄色意味着光明和岁月感等。光明是代表着狭窄巷道中难得的受光状态，也能表示徽派民居的日照条件；岁月感意味着时间给徽派民居白色墙体留下了斑驳印记和肌理图案。因为民居本身的色彩比较单调，周边环境色也并不丰富，所以作者主观地在白色、灰色的墙体区域中强调黄色倾向，在近景区域表现得尤其明显。

（三）蓝色

这幅作品中的蓝色主要分布在远景天空和民居投影等区域，分高纯度蓝色（如 9 号色）和低纯度蓝色（如 2 号色、8 号色）两大类，其中低纯度蓝色占更大的画面面积比例。画面中出现蓝色的原因有两个：第一，天空的原本固有色，但作者为强调民居的主体地位，主观地把天空区域的蓝色纯度降低了；第二，民居的投影区域和背光面区域。在没有阳光投射下，呈现些许冷色倾向。

这幅作品中，蓝色意味着安定和阴沉等。安定是代表着天空的退远感和辅助意义，其笔势走向和纯度、明度是为了衬托民居形状而设的，民居形状是几何形态的，所以蓝色的安定感能调和这种几何形态所带来的不确定感；阴沉代表着背光区域的视觉感受，是为了平衡黄色受光面的视觉感受而设的，体现了民居建筑的空间特征。

二、色块聚散度

这幅作品的色块聚散度分为两大部分：黑白色块和黄蓝色块。黑白色块所在的民居建筑区域占画面的大部分，聚散度比较低，比较分散，并且多在画面的中心区域。黄蓝色块穿插于黑白色块区域中，同样比较分散。在这幅作品中，黄蓝色块为图，黑白色块为底。

这幅作品体现的是深受儒家文化影响的徽派民居，低调儒雅、安静沉稳；再加上是秋冬时节的风景，气氛更是冷清。画面内容并不复杂，徽派民居的固有色和受光背光关系对比强烈，窗户的高度不一致，封火墙高度和走向也参差不齐。色块分布呈现大统一、小零碎的状态，色彩与色彩之间边缘的边界数量不多。所以，作者在三类色块聚散度中选择了强烈对比的方法，即明度对比。明度对比体现在，无论是单色的明度，还是整体画面中所有色彩的总明度，其对比跨度都非常大，但是对周边色彩没有产生明显的环境色影响。为了进一步增强对比效果，把暖色块安排近景居多，黑白灰色块也尽量紧密相接。

三、构图改变

（一）竖向轴线

为了体现南屏村狭窄巷道和高耸墙体的对比关系，把重点民居和巷道放在画面右方 2/3 竖向轴线附近，左右不超过 1/5 幅度，并且把更靠近灭点方向的门窗等细节集中放在竖向轴线的右 1/5 部分，以形成画面不稳定感，突出南屏村空间的幽深特质。

（二）主观改变

为了能够表现出徽派民居的竖向空间特征，这幅作品在虚实关系上做出了主观改变：虚化近景的墙体、门窗和台阶区域，减少其建筑细节表现力度和色相数量，把门窗、台阶的三维空间形态简化；中、远景的民居与各个建筑细节都表现得非常详细，彼此各个色块的边界数量非常多，把实景中复杂内容保留在中景区域，即画面右方 2/3 竖向轴线附近，而适当虚化画面左边角的实景内容。

（三）色块明度和纯度

徽派民居的明度普遍比较高，都在画面右方 2/3 竖向轴线附近，并且明度对比强烈的各色块也分布在这个区域；而其纯度对比强烈的区域集中在近景左右两侧，以加强画面的空间透视感。

第四节　小结

南屏村民居群属于徽派民居流派里的代表，距今已有两千多年的历史，其地域特点非常鲜明。在平面布局方面，徽派民居通常为多进院落式集居和中轴线对称分列的形式，进门为前庭，中设天井，后设厅堂，室内隔断设置灵活。每一进院落巧妙地与其他院落套合，呈现纵深封闭的典型农耕社会家族生存空间。外观造型方面，徽派民居采用白墙黛瓦和高耸林立的马头墙。在建筑结构方面，徽派民居采用封火墙，高大的外墙仅仅设立大门和少量小窗。在建筑装饰方面，石雕、木雕和砖雕的"三雕"艺术与民居建筑和谐融合，有效调和了民居建筑本身黑白两色。南屏村民居群整体保存现状较好，仍保存有 72 条深巷、36 眼井和 300 多栋明清民居。

在色彩和谐方面，整幅画面选择了色相基本相同，而明度和纯度不尽相同；色相的色彩秩序控制在色相环 180 度角以内，并呈现相等色相梯度秩序，采用黄蓝两种对比色。其纯度色彩秩序跨度不大，呈现相等梯度分布，色彩纯度对比非常柔和，色彩渐变关系比较细腻；其明度色彩秩序跨度比较大，呈现非相等梯度分布，色彩对比强烈，色彩渐变关系比较粗放。

在色彩氛围方面，黑白系无情色彩占有画面大部分面积。色彩聚散度分为黑白色块和黄蓝色块两部分，这两部分的聚散度都比较低，比较分散。在这幅作品中，黄蓝色块为图，黑白色块为底。

第十五章 个案研究：福建省龙岩市永定区土楼群

（a）

（b）

图 15-1　衍香楼及周边土楼群

第一节　建筑色彩和整体概析

一、建筑色彩分析

福建省土楼群是中国传统建筑中的一支非常独特的流派，土楼群实质是防御型山区民居集合体，整体建筑风格低调保守。土楼群的色彩风貌主要体现在建筑屋顶、门窗和墙身部位，主要建筑材料是小青瓦、木材、石材和夯土材料。①墙身、门窗的主色为暖色（R）系，呈现暖色的色彩倾向；明度值为1～9，属于满跨度明度区段，呈现强对比；纯度值为2～4，属于高纯度区段，呈现弱对比。②屋顶的主色为无纯度灰色（N）系和暖色（R）系，呈现中性偏暖的色彩倾向；明度值为1～9，属于满跨度明度区段，呈现强对比；纯度值为7～9，属于低纯度区段，呈现弱对比（表15-1）。

表15-1　福建省土楼群建筑色彩分析

	冷暖倾向	色　系	明　　度		纯　　度	
门窗、墙身	暖色	R	强对比	1～9	弱对比	2～4
屋顶	中性、暖色	N、R	强对比	1～9	弱对比	7～9

二、建筑整体概析

中国传统社会是由血缘家族集聚而成的稳定型社会，中国传统社会中社群组织的基本单元之一就是家族或者宗族，其中由若干个家族组合而成的宗族是聚族而居的地缘单位。闽西地区崇山峻岭、水系复杂、沟壑纵横，形成了无数个或大或小的自然村落，而武夷山脉和博平岭山脉不仅分别挡住了北方寒流和沿海台风，还形成了天然的相对封闭的地理环境，从而为当时客家宗族的社会形成提供了有利基础。一方面，唐宋时期逐渐迁入福建等地的北方汉族人可以占有、购买土地，为宗族生存发展留下了合理的生存空间；另一方面，在很长的历史时期内，这种山水阻隔、交通不便的地理条件使闽西地区相对远离了中央政权和政治中心，北方行政管理力量很难到位，于是，当地宗族便承担了对外应对官府、协调外族关系、开展文化经济活动，对内管理宗族事务、组织生产活动、开展子弟教育等活动的责任。久而久之，宗族便成为实际上的基层管理单位，总族长成为当地的"非官方行政官员"。这种富有独立性的基层政权组织在明清时期被称为"里甲组织"，而族长就是类似于"里甲长"性质的角色。闽西地区的土楼群就诞生于这种历史背景下，土楼群以父系血缘家族聚居而得以发展和存续，通常整体氛围充满血肉相连、团结互助的亲情。土楼群这种大家族、小家庭的聚居模式及相对公平的管理模式似乎与传统社会宗法制度有很大的冲突，但是实际上，其既与当时生产力发展水平相适应，又符合中原客家先民的封建家族伦理制度观念。于是，可同时居住几百人的巨型土楼在闽西永定地区拔地而起。

福建省龙岩市永定区土楼群是中国传统建筑中的一支非常独特的流派，土楼群实质是防御型山区民居集合体，主要分圆形和方形两种造型。永定区现存有圆形土楼 360 座，方形土楼 4000 多座。2008 年，福建土楼被列为世界文化遗产。

这幅作品的表达主题是永定区湖坑镇新南村的衍香楼及周边土楼群。衍香楼始建于 1880 年，占地面积约 4300 平方米。衍香楼是由商人出身的苏谷春所创建。为了更好地繁衍生息，衍香楼在选址时对周边山水因素有周全的考虑。在山体方面，衍香楼北迎博平岭山脉，位于周围山丘所围合的"穴地"中，并且处于山南水北的阳面，保证了良好的光照条件。在水系方面，衍香楼最大限度地保持了水生态平衡状态，充分利用水体形势为土楼群创造水力资源。衍香楼靠近水系内曲之处，减少了遭受水患的风险，方便了客家人的生产生活。整体山水格局直接影响土楼群的环境品质，形成了互补互利的有机关系，使衍香楼及其所在的土楼群成为具有生态适应性的宜居村落。

衍香楼整体呈圆形，主体直径 40 米，外墙采用生土夯筑，墙体底部厚度 1.5 米，向上有序缩小，墙体顶部厚度 0.7 米，外墙高度 14.5 米。衍香楼有一个总大门，内有 2 口生活水井，3 座厅堂。内部是木构承重，一共分 4 层，一层是厨房餐厅，二层是粮仓，三、四层是卧室。每层有 34 个房间，共计 136 个房间。所有房间均呈扇形，面积几乎一致，内侧都是公共走廊。在衍香楼的总大门上和墙体上方设有消防设施和枪眼。衍香楼的中轴线上设有以公共空间连接全家族进行节庆活动的房屋，是一座仿府第式内厅，这座内厅结构复杂，分前堂、中堂和后堂，内厅左右两侧有厢房。目前，衍香楼里依然有近百人居住，这使这座百年老屋里有了人间烟火气。

衍香楼内外有着非常强烈的对比：一个是实木梁柱，一个是夯土墙体；一个轻盈，一个敦实；一个开敞，一个封闭。衍香楼的墙体使用以黄土为主的建筑材料，并混合石灰、沙等制成三合土。采用当地鹅卵石来砌筑墙角，被当地客家人称为"打石脚"。墙体和楼门处开凿水槽，穿插到衍香楼各个房间内部，水槽宽大并且布置考究。衍香楼内院的廊柱出檐的檩支撑于土墙上，出檐巨大，通常为2米的进深。这种墙体具有良好的防水、防火、排水、抗震等能力，并且由于夯土墙体具有隔热性和包裹性，使衍香楼内部形成了冬暖夏凉的宜居小气候。屋檐瓦片有一定的弧度，雨水能够快速通过并落至内院底层周围的排水暗沟内，最后通过一套完善的内外排水设施排到外部的水池中。为了保证内院地面无积水，地面还会刻意按照中间高、四周低的原则建造，局部地面采用当地鹅卵石铺就，进一步保证了雨水排泄畅通。

永定区土楼群之所以历经百年而不衰，有四个原因：第一，堡垒式外观、厚重墙体和严密的安保措施符合客家人对防卫生存的实际需求，也适应当时外来者与当地居民之间残酷斗争的现实；第二，闽南地区盛产优质土壤、卵石和木材，土楼群建材就地取材，施工方便，不污染自然环境，不破坏生态平衡，完全符合农业社会的经济水平和劳力状况；第三，土楼内空间外严内松，开间宽敞，粮仓、水井、厨卫房屋俱全，具有良好的采光、通风、抗震、隔热、御寒等功能，不耗能源，百余户人家在内居住依然和谐舒适；第四，无论是单体土楼还是土楼群，都注重对自然环境的适应和协调，体现出强烈的中轴对称意识，以内厅为整个土楼的中心，建筑布局环环相套，构成了密切相关又相对独立的房间系统，呈现强烈的家族向心力和凝聚力，这完全迎合了中国传统的宗法观念，受到封建社会时期家长的推崇和传承。

受到客家先民崇文重教、敦亲睦族、重视伦理等宗族理念的影响，衍香楼中有一颗特别引人注目的"明珠"——楹联。衍香楼的楹联十分常见，几乎户户都有楹联，其内容意味深长、对仗工整，通常为儒家忠、孝、礼、义、信、温、良、恭、俭、让等主题。例如，"振纲立纪，成德达材"，还有众多名人题刻。另外，与其他汉族民居不太一样的是"重教崇文"在衍香楼及其他土楼群中体现得最为明显。因为每一座大型土楼几乎都有学堂，成为内院空间里不可或缺的一部分，甚至是点睛之笔。衍香楼的学堂有文舍，也有武馆，这种崇文重教的氛围使永定这个地区人才辈出。土楼群居民中传颂着许多与此有关的故事，如"五代五翰林""兄弟双进士""一楼十博士""一镇三院士"等。

永定区土楼群这种血缘宗族聚居模式的物化产物已经存在了数百年，既在客家人的宗族建设中起过不可替代的积极作用，又在客家文化形成和维护当地社会稳定方面起过同样的积极作用。然而，进入当代社会以后，土楼群的聚居模式和生活理念受到了强烈冲击，凭借血缘血亲的伦理制度观念支撑起来的宗族模式也不复存在，作为宗族象征的土楼群虽然因为被列入《世界遗产名录》而继续受到保护，但是原本土楼内部热闹兴旺的景象已经不复存在，逐渐失去了良性发展进化的基础。这是一个值得各个研究领域长期关注的现象，也是值得持续研究的专业方向。

第二节　色彩和谐

图 15-1 这幅作品采用了福建省龙岩市永定区湖坑镇新南村的衍香楼及周边土楼群的鸟瞰角度，拍照时间是初夏季节，此时日照条件很好，山、水等自然环境的色彩比较澄澈。所用颜料为德国史明克牌大师级固体水彩，还有黑色和暖灰色、纯灰色酒精马克笔，土楼群的屋脊区域使用了樱花牌高光笔进行勾线。纸张为法国康颂牌巴比松 1557，300 克，原纸白色，4 开规格，细纹纹理。绘制总用时约 4 小时 30 分钟。

一、色彩家族因素分析

这幅作品中土楼固有色比较单纯，主要是生土、青瓦和木材三种颜色（图 15-2）。经过百年历史的熏陶，这三种颜色已经从自身固有色转变成携有明显环境色的固有色。这幅作品中的环境色主要是土楼群周边自然环境，色相相对丰富，明度相对偏高（图 15-3）。夏季时期的青山绿水在土楼群周边紧紧围绕，烘托出土楼群的质朴沧桑之感。所以，这幅作品整体色彩是偏暖色调、明暗对比强烈，但冷暖对比较小，主要色块对比如图 15-4 所示。在色彩三要素中，这幅作品选择了纯度基本相同这一项，色相和明度不尽相同。

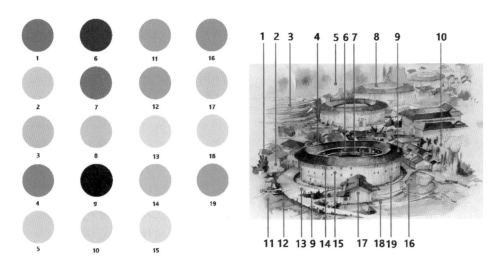

图 15-2　主要色块分析

图 15-3　明度对比

图 15-4　主要色块对比

　　这幅作品的色彩色相虽然并不是完全相同，但整体偏暖色调，主色包括近似色、对比色和互补色，分别是橙红色、黄色、绿色、蓝色。对于这种大体量的几何形体土楼群，作者刻意强调了建筑结构形体，如屋檐与墙体的交界处、土楼墙体的边缘，所以四种主色之间的边界十分明确，甚至有些视觉冲突的尖锐感，尤其是黄色墙体与蓝色投影、绿色水系与橙红色地面的区域，这种尖锐的视觉冲突弱化了土楼特有的敦厚感，同时活泼了画面主题氛围。这幅作品的明度差异性不仅体现在单色上，也体现在多色上。在单色方面，橙红色、黄色、绿色、蓝色都有本身的明度差异。橙红色系列的明度差异表现在 6 号色和 7 号色上，黄色系列的明度差异表现在 2 号色、17 号色和 19 号色上，绿色系列的明度差异表现在 2 号色、10 号色和 11 号色上，蓝色系列的明度差异表现在 5 号色、9 号色、12 号色、16 号色和 18 号色上。在多色方面，画面中各种色彩组合成一系列有明显差异性的画面整体明度。从色相环中可知，明度从高到低排列依次是白色、黄色、绿色、橙红色、蓝色、灰色和黑色，明度阶层非常明显，明度跨度饱满有序。这幅作品的纯度差异性表现在所有色相保持了几乎相同的灰度，几乎没有色相鲜明的纯度，饱和度都比较低。整体画面中的物体表现因为明度的明确而准确表达出了夏季土楼的受光面和背光面关系，但是因为画面中各种色彩的纯度基本相同，这种受光面和背光面关系得到了一定程度的缓和。

二、色彩秩序原则分析

（一）色相的色彩秩序分析

这幅作品选择了在色相环 220 度角内取色，并作相等色相梯度秩序。主色一共有四种：橙红色、黄色、绿色、蓝色，其中包括一种互补色关系（橙红色与蓝色）以及一种对比色关系（黄色与蓝色）。每种主色之间都相隔一色，相隔距离均等。因此，虽然这幅作品的色相跨度比较大，但是整体色相的色彩秩序很规整，色相关系平衡（图 15-5）。

图 15-5　色相的色彩秩序分析

（二）明度的色彩秩序分析

这幅作品以蓝绿色系色彩为主，黄褐色系色彩为辅。本节从这幅作品中选取5号色、9号色、12号色、16号色、18号色为例作为分析对象（图15-6）。

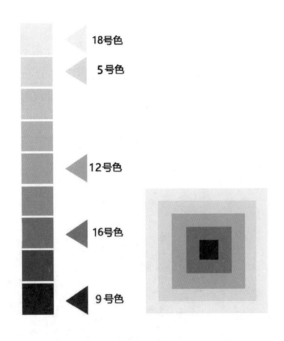

图 15-6　明度的色彩秩序分析

从图 15-6 可以看出，这幅作品的明度色彩秩序跨度非常大，跨满 9 个跨度，呈现非相等梯度分布，从高明度至低明度排序分别是第 1 度（18 号色）、第 2 度（5 号色）、第 5 度（12 号色）、第 7 度（16 号色）、第 9 度（9 号色）。这幅作品呈现两种不同的梯度分布状态，第一种状态是第 1 度（18 号色）和第 2 度（5 号色），彼此相邻并没有间隔纯度；第二种状态是第 5 度（12 号色）、第 7 度（16 号色）和第 9 度（9 号色），彼此之间相隔一个明度，并且梯度相等。明度的色彩秩序差异在于：①包含两个极端明度，即第 1 度和第 9 度；②明度梯度的差异性比较大；③色彩明度主要集中在高、低明度梯度内。所以，画面色彩对比非常强烈，整体色彩明度渐变关系粗放。

第三节 色彩氛围

一、面积比例

这幅作品的暖色系色彩所占画面面积比例最大，占到整幅画面的 80% 以上，其余是蓝绿系色彩（图 15-7）。暖色系色彩主要分布在民居建筑固有色、受光面色和自然环境受光面色，蓝绿色系色彩主要分布在远景天空、自然环境固有色和建筑环境色等区域。

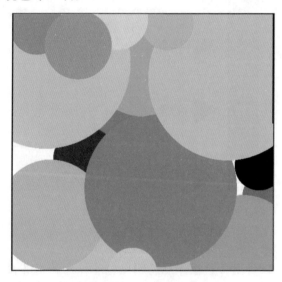

图 15-7　色彩面积分析

整幅画面呈现的色彩饱和度比较低，明度跨度变化比较大。为了体现土楼群的生土、青瓦和木材等建材资源，作者不仅使用暖色调色彩来表现，大幅提高土楼群、地面、水系的受光面的明度，还刻意降低了各类投影的明度，强调了投影的边缘线，从而保持了整体画面中土楼群的"建筑形体结构感"。另外，作者减少了远景梯田和树林的色彩面积，利用色彩各自边缘线对远景画面进行视觉切割。这样，既可以从视觉上推远远景中梯田和树林形象，衬托土楼群的主体重要性，又可以呼应前景中水系和稻田的色彩，从而使整幅画面表现力度更为均衡，同类色调面积保持相对均等。

在色彩个性分析方面，这幅作品中的土楼群均取材于自然环境，色彩偏暖色调，并且非常自然、活泼和生动，画面中最主要的色彩是橙红色、黄色、绿色、蓝色。

（一）橙红色

这幅作品中的橙红色主要表现在土楼群的木材构造及其投影区域，分为橙红色（7号色）和红褐色（6号色）两类，其中橙红色占更大比例。木材构造的受光面以橙红色为主，纯度比较高，明度比较高；木材构造的背光面以红褐色为主，纯度比较低，明度比较低。画面中出现橙红色的原因有两个：第一，当地木材本身的固有色，经历岁月之后色相变得相对偏红；第二，木材构造的投影。这个投影既有木材各种构造彼此之间的投影，又有屋檐对木材构造区域的整体投影。

这幅作品的橙红色意味着纯朴和低调等。纯朴是因为橙红色的木材取材于当地资源，没有变化多端的色相参与进来，只有鲜明的受光、背光关系来控制橙红色的表达，带有强烈的乡土气息和民族感情。低调是因为橙红色与黄色是近似色，即木材构造与土楼墙体之间的色相是近似色，彼此的色相关系是非常缓和的，在大体量的黄色墙体中穿插着橙红色木材构造，视觉上非常平衡，但是又存在着些许对比差异。从这个意义上说，橙红色是为黄色服务的，从属关系明确。

（二）黄色

这幅作品中的黄色主要表现在土楼墙体和道路、绿化的受光面区域，分为高纯度黄色（如17号色）和低纯度黄色（如2号色、19号色）两大类，其中高纯度黄色占更多比例。前景以高纯度黄色为主，纯度比较高，达到类似"明黄"的程度，明度比较高；远景以低纯度黄色为主，纯度比较低，相对于高纯度黄色而言，后者的明度更加高，接近"暖白色"的明度。画面中黄色出现的原因有三个：第一，因为土楼墙体是由生土建造而成，生土本身的固有色就是黄色；第二，受日晒条件影响，道路和绿化的受光面色彩是黄色；第三，受到黄色土楼墙体的环境色影响，土楼周边事物的色彩都带有些许黄色倾向。

与第一点的橙红色相同的是这幅作品中的黄色意味着纯朴。土楼墙体的生土材料取材于当地资源，体现了本土的纯朴特色。另外，这幅作品中的黄色还意味着团结。土楼是客家先民砥砺创业、敦亲睦族、重视伦理等宗族理念的物化产物，没有宗族意识、集体意识是不可能有土楼这种极其特殊的建筑形式的，更不可能在当地延绵数百年依然有生命力。以黄色为主色的土楼恰恰体现了客家先民的团结意识。

（三）绿色

与第一点的橙红色、第二点的黄色相同的是：这幅作品中的绿色同样意味着纯朴、自然。首先，土楼所在的地区是山区，存在着平面意义上的绿色，也存在着立面意义上的绿色，这一点和其他作品中的绿色不太一样，绿色的体积感更强，面积也更大。另外，画面中绿色色块边缘的边界数量比较多，衬托着规整几何形体的土楼群，使整个画面具有在规整与零碎之间来回反复之感。其次，整体画面都是偏暖色调，但是绘画理念不会允许出现完全暖色调，会显得"火气"，而绿色能进行视觉补色，平衡偏暖色调，并且显得画面很活泼。整幅作品中的绿色是比较丰富而微妙的。远景的天空蓝色系，影响梯田的绿色而呈现冷绿色倾向；中近景的土楼墙体土黄色系，影响周边植物的绿色而呈现暖绿色倾向；近景的绿色色彩受日照条件影响，并且处于近景，绿色的明暗关系更显强烈；水系附近的一些绿色的明度是极低的，已经接近黑绿色。这种强烈明度对比的画面效果恰恰与土楼群富有生机的氛围相符合。

（四）蓝色

这幅作品中的蓝色主要表现在远景树林区域和近景水体区域。分为浅蓝色（如5号色、18号色）和深蓝色（如12号色、16号色）两大类，其中浅蓝色和深蓝色的面积比例均等。前景以深蓝色为主，纯度比较高，明度比较低，同时前景存在些许的浅蓝色，纯度比较低，明低比较高；远景几乎只存在浅蓝色。画面中蓝色出现的原因有两个：第一，水系和天空的固有色是蓝色；第二，在黄色区域的周边，为了画面效果进行视觉补色，在黄色极端密集的区域，作者主观性地加入了极少蓝色。

这幅作品的蓝色意味着清洁和安定。清洁是因为作者用蓝色表现水体的固有色和投影色，水体日常生活中经常被用来洗涤、湿润事物，所以这种习以为常的实用功能为蓝色赋予了视觉含义。安定是因为蓝色具有镇静作用，这更多的是一种视觉功能，蓝色平衡着画面中大多数暖色区域，是一种有意并且有益的色彩补充。作为橙红色的互补色，蓝色的出现显得尤为重要。相比之下，深蓝色的镇定作用更为明显。

另外，这幅作品中除了上述三种色彩，还有白色、灰色和黑色等无情色彩。这些色彩面积比较小，形态细碎微小，并没有对题材表现起到决定性作用。尤其是黑色，几乎没有纯正黑色，都含有周边环境色的倾向，所以本节不对这些无情色彩进行阐述。

二、色块聚散度

这幅作品的色块聚散度分两大部分：土楼色块和自然环境色块。土楼色块占画面大部分，从画面中心延伸到右上角，因此土楼色块聚散度比较高且集中。自然环境色块穿插于土楼色块区域中，色块聚散度比较低分散。在这幅作品中，土楼色块为图，自然环境色块为底。

这幅作品体现的是客家民居题材，并且周边自然环境占有很大的面积比例。民居建筑风格敦厚，并且排列密集。初夏时节的自然风景非常澄澈，色彩色相丰富，纯度丰富，总体明度比较高。画面采用平行透视关系，表现内容比较复杂，土楼群、道路、水体的固有色明暗对比强烈。土楼群的整体造型都是类圆形，但是每栋土楼的平面直径差异很大，高度参次不齐。色块分布呈现大整体、小零碎的状态，色彩与色彩之间边缘的边界数量很多。所以，作者在三类色块聚散度中选择了强烈对比的方法，即明度对比和色相对比。①明度对比。无论是单色的明度还是整体画面中所有色彩的总明度，其对比跨度非常大，跨满了9个跨度。为了进一步增强对比效果，把高、低纯度色块（包括黑、白色块）安排相邻并且密集，形成以暖色调为主的明度对比。②色相对比。色相对比的强烈程度与画面中各类色块之间区分程度成正比。这幅作品中的色块数量非常多，并且存在一种互补色关系（橙红色与蓝色）和一种对比色关系（黄色与蓝色）。各类色块在色相环上相距越远，色相对比效果越强烈。暖色在画面中占据了较大面积比例，突出了主色调，冷色成为从色调。色块聚散度安排得比较微妙，除了黄色之外，其他色相穿插关系比较明显，通过保持色块之间的画面平衡达到强烈的画面和谐感。另外，在土楼群、水体和植物的投影区域安排了黑色，理论上这种黑色不是客观存在的，但是黑色能够使其他色块显得更加明亮和统一，有效增强了色相对比的效果。

三、构图改变

（1）横向轴线。这幅作品有三条主要横向轴线。①为了体现若干个土楼之间的推进关系，把衍香楼放在画面下方2/3横向轴线附近，上下不超过1/5幅度，以形成画面主体的稳定感；②把其他土楼放在横向轴线的上方1/2部分，上下不超过1/3幅度。以形成画面主体的推进感，体现复杂形体的透视关系；③把衍香楼周边的自然环境放在横向轴线的下方 1/4 横向轴线附近，加强近景的画面冲击力，以此来平衡画面的中远景的面积比例。

（2）主观改变。为了保证表现出参差不齐的土楼群，这幅作品的虚实关系做出了主观改变：虚化远景的梯田和树林区域，降低其色彩纯度，升高其色彩明度，把画面左侧梯田形态和中间树林进行简化，并且弱化其外在轮廓；把中景的土楼群和近景的自然环境的外在轮廓稍微放大，强调各自轮廓色块的边界数量，把复杂内容保留在中、近景区域，即画面下方 2/3 横向轴线附近。

（3）色块明度。土楼群的明度普遍比较高，并且都在画面下方 2/3 横向轴线和 1/2 横向轴线附近。作者有意识地留出近景作为水体、植物等附属元素的区域，并且把明度对比最为强烈的各色块也分布在这个区域。

第四节　小结

永定区土楼群属于防御型山区民居集合体，以衍香楼为代表的土楼属于其中圆形造型的重要代表之一。衍香楼始建于 1880 年，占地面积 4300 平方米。

衍香楼外墙厚实且从下至上有序收缩，外墙底部厚度 1.5 米、顶部 0.7 米，高度 14.5 米。衍香楼内部是木构承重体系，一共四层，一层是厨房和餐厅，二层是粮仓，三层和四层是卧室，每个房间面积基本一致。衍香楼中轴线上设有一座公共内厅，包含有前堂、中堂、后堂及厢房。衍香楼及周边土楼群的经济、实用、平等的构造理念，以及其所代表的家族向心力和凝聚力，都受到封建社会的长期推崇。

在色彩和谐方面，整幅画面的纯度基本相同，而色相和纯度不尽相同；色相的色彩秩序控制在色相环 220 度角以内，并呈现相等色相梯度秩序。其明度色彩秩序跨度非常大，呈现非相等梯度分布，色彩对比非常强烈，整体色彩明度渐变关系粗放。

在色彩氛围方面，暖色系色彩占有画面大部分面积。色彩聚散度分为土楼色块和自然环境色块两部分，土楼色块聚散度比较高且集中，自然环境色块聚散度比较低且分散。在这幅作品中，土楼色块为图，自然环境色块为底。

第十六章　个案研究：广西壮族
自治区三江县程阳风雨桥

（a）

（b）

图 16-1 程阳风雨桥

第一节　建筑色彩和整体概析

一、建筑色彩分析

程阳风雨桥是广西侗族人民的伟大创举，体现了古代百越族干栏式建筑的精髓特色，不仅建筑色彩质朴统一，还与周边侗寨民居色彩倾向高度一致。程阳风雨桥的色彩风貌主要体现在立面部位，整体色彩呈暖色的色彩倾向。程阳风雨桥可分为桥廊（上层）和桥墩（下层）两部分：①桥廊的主色为红色（R）系，呈现暖色的色彩倾向；明度值为 3～9，属于高、中、低明度区段，呈现强对比；纯度值集中在 7～9，属于低纯度区段，呈现弱对比。②桥墩的主色为红色（R）系和无纯度灰色（N）系，呈现中性偏暖的色彩趋势；明度值为 3～9，属于高、中、低跨度明度区段，呈现强对比；纯度值为 7～9，呈现弱对比（表 16-1）。

表16-1　程阳风雨桥建筑色彩分析

	冷暖倾向	色　系	明　度		纯　度	
桥廊	暖色	R	强对比	3～9	弱对比	7～9
桥墩	中性、暖色	N、R	强对比	3～9	弱对比	7～9

二、建筑整体概析

侗族是广西的世居民族之一。侗族是经过漫长民族融合过程而发展起来的一个民族，其民族文化也是多民族文化融合的结果。侗族主要分布在广西的三江侗族自治县、融水苗族自治县和龙胜各族自治县等多个地区。侗族生活地区的森林覆盖率很高，森林不仅为当地侗族人民提供了丰富的生活资源，还为侗族村落的建设提供了丰富的木材资源。侗族木构建筑经过岁月的洗礼，加以青灰黛瓦和白色粉刷的勾勒，在当地青山绿水的自然环境中显得十分灵秀，使村落建筑与自然景观和谐共生。广西侗族人民这种"以木为本"的村落生活生产理念源自他们对自然的崇敬。他们不仅崇拜天地、山川河流，更崇拜大树，认为"古树保存，老人管寨"。在林林总总的树种之中，侗族人民尤为看重杉木，并将其作为最为主要的建材资源，一方面是因为当地的杉木资源非常丰富，另一方面是杉木具有强大的生命力和挺直、高耸的形象。侗族人民这种崇拜意识衍生出超然的木构技术和建筑建造方式。从最基本的干栏建筑、公共建筑（如风雨桥）到家具陈设品、劳动工具，无一不是以木为本建造，体现了朴实、自然的空间美学。

侗族主要的建筑包括民居、鼓楼、风雨桥、寨门和戏楼等，这些都是侗族人民节日欢庆、迎宾送客、对歌献舞的主要场所。这些建筑以抬梁式、穿斗式等梁架形式为主，另有少数混合梁架形式。这些精巧的木质梁架是由成百上千的木构架交织组装而成的完整有机体，各个木构件相辅相成，各自的制作工艺和构架位置有所不同，在力学结构上呈现的实用功能也不同。

侗族建筑凝聚了侗族人民的伟大智慧和民族精神，拥有严谨、规范的构架组织规律。传统的侗族建筑由当地有名望的掌墨师负责营造，他们具有世传的统筹施工经验，熟练掌握木匠、瓦匠、石匠、漆匠和彩绘工等专业工种和工艺，从建筑模型小样、施工图绘制到施工方案，都由掌墨师全程主持，组织各个工种的工匠从挖地基、立柱、起架、上梁到封顶等一系列施工活动。在木构的营造方面，从制作小样模型开始，制作竹签和杖杆，选木料并加工，由掌墨师下墨，制作木构架，组装木构架和房屋上架，安装椽子和瓦片，最后举办特殊的建房仪式，至此传统的侗族建筑就竣工落成了。这种严谨、规范的构架组织规律完全保证了侗族建筑的鲜明传统，也见证了侗族文化习俗的代代相传。

侗族中流传着一种很浪漫的建设理念：凡是有水的地方必有风雨桥。风雨桥是侗族地区主要的交通设施。关于风雨桥建造的起源，主要有五个方面的原因。第一，侗族居住的地方是依山傍水的深山地区，不便于人们出行，所以需要诸多既可以遮风挡雨又能够将水陆相间的地理环境连接起来的桥梁。第二，历史上的侗族多与其他民族混居，如苗族、瑶族等。侗族人活泼外向，喜好与人交流，这种民族性格也需要架起一座座村寨交流和民族团结的桥梁。第三，侗族信仰万物有灵，他们往往怀有健康长寿、集财汇宝、保佑家族及整个寨子的平安和团结的愿望，这个愿望需要桥梁作为精神依托和信仰物化载体。第四，侗寨男女青年交往恋爱、节庆期间群体活动很多，需要一个休闲场所。第五，侗族所在的山区地形复杂、多民族混居，因此产生了各自村寨地域空间分界标志的诉求，而这便使许多村寨的风雨桥与寨门相连接。

风雨桥又名回龙桥、花桥、凉桥或者福桥。风雨桥既是跨越空间障碍的桥梁，又满足了侗族人民对居住环境美学的追求，它将侗族同乡共俗的民族文化风情和民族精神意识高度集中地展示出来，风雨桥承载着民族记忆，换句话说，风雨桥包括了侗族人民生活的方方面面，从物质层面深深渗透到精神文化层面。

在广西侗族地区有许多久负盛名的风雨桥，这是一种兴盛于汉唐时期的桥梁类型建筑。因为广西多雨潮湿，而侗族村寨大多建在河溪两旁，跨水而建，能遮挡风雨、辟邪镇宅并饰彩绘的风雨桥便应运而生。风雨桥结构严谨，造型独特。通常，整座建筑不用铆钉和其他铁件连接，仅以优质杉木凿榫衔接，拔地而起，醒目地静立于村寨的交通要道。旧时，广西侗族的经济收入主要来源于当地河流、田地和山林。出于保护村寨的目的，风雨桥多建在村头寨尾，中部空间还设有阁楼。

程阳风雨桥位于广西壮族自治区柳州市三江县林溪镇程阳马鞍屯，始建于 1912 年，建成于 1924 年，是广西最能代表侗族民族气韵的木石结构古桥，同时是全国重点文物保护单位。1965 年，郭沫若为程阳风雨桥专门题字，并赋诗一首："艳说林溪风雨桥，桥长廿丈四寻高。重瓴联阁怡神巧，列砥横流入望遥。竹木一身坚胜铁，茶林万载茁新苗。何时得上三江道，学把犁锄事体劳。"借着这首诗句的东风，程阳风雨桥走出了三江县，一举成为当地有名的国家级地标建筑。

程阳风雨桥全长 64.4 米、宽 3.4 米、高 10.6 米，集桥、廊、亭三者于一身，是一座四孔五墩伸臂木梁桥，由下、中、上三部分组成。下部是五座六角菱形桥墩，青石围砌，料石填心。中部是桥面，采用密布式悬臂托架简支梁结构体系。桥墩上是两层架四五尺直径、下短上长的六根联排杉木，起"挑梁"之用，再把两层正梁架在挑梁之上，在其上再铺厚实木板做桥面。为适应有限的木材长度，桥墩间跨度通常是 10 米左右。桥柱之间设有座凳和栏杆，栏杆外沿挑出一层 1.2 米的大挑檐，既增强了桥体的水平线条美感，又保护了桥面和托架。上部是廊亭造型的桥顶，顶部采用榫卯结合的梁柱体系以连成整体。桥顶外观是五个飞檐翘角的宝塔形和庑殿式造型，以中央的挺颐式四层六角宝塔式"楼亭"为最高，其东西两边各有一座多重檐攒尖顶的四层四角宝塔式"台亭"，在桥头两端，各有一座多重檐歇山顶式样的四层殿式"墩亭"。桥顶檐上下都是飞角半拱，戗脊端部有如翼舒展的塑饰，翘角漆成白色，连同白色戗脊，并与青瓦褐木一道形成黑白分明的水平线条，静静地立于青山绿水的侗寨中。

这座横跨林溪河的程阳风雨桥，与中国河北省的赵州桥、四川省的泸定桥和罗马尼亚的诺娃沃桥，一道被誉为"世界四大历史名桥"。程阳风雨桥是广西侗族人民历史智慧的结晶，也是中国木构建筑中的艺术精品。

值得一说的是，程阳风雨桥不仅体现了古代百越族干栏式建筑特色，还融合了汉族庑殿式建造技术。目前，木结构桥梁在其他省区逐步消失的情况下，该桥依然保存完好，值得建筑学和艺术学人士进一步深掘和传承。

第二节　色彩和谐

图 16-1 这幅作品采用了广西壮族自治区柳州市三江县林溪镇程阳风雨桥的立面角度，采用了两点透视关系。拍照时间在盛夏时节的上午时分。所用颜料为德国史明克牌大师级固体水彩，还有高光笔和辉柏嘉牌白色水溶性铅笔。纸张为中国宝虹牌水彩纸 300 克，中白色，四开规格，细纹纹理。绘制总用时约 3 小时。

一、色彩家族因素分析

这幅作品中的主景是体量纤巧、线条曲折的程阳风雨桥。为了突出主景，作者主观性地加重了主景色彩的明度，配景是侗寨青山绿水的优美环境（图16-2）。为了保持主景的主体性，作者又适当虚化了远景自然环境的色彩。因此，这幅作品整体色彩偏暖色调，远近景的色彩明度对比（图16-3）和色相冷暖对比非常强烈，主要色块对比如图 16-4 所示。在色彩三要素中，这幅作品选择了纯度基本相同这一项，明度和色相不尽相同。

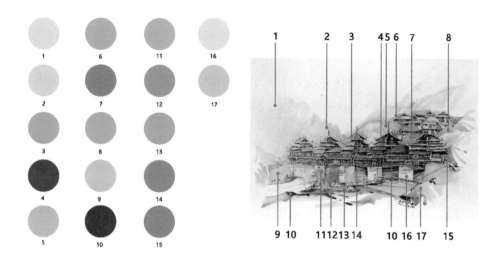

图 16-2　主要色块分析

图 16-3　明度对比

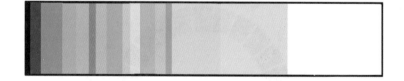

图 16-4　主要色块对比

这幅作品的色彩色相非常多，差异性很大。从色相环上看，这幅作品的色相已经跨满 360 度，主色是黄绿色、褐色和红色相混合的暖色调。作者刻意强调桥梁褐色的曲折边缘，使用红色和黄绿色的强烈对比关系来对比桥梁的褐色，三种主色之间的边界十分明确，并且色彩交界边缘互相交错，这种明确并且交错的色彩边界使这幅画面呈现一派春末夏初时节所特有的缤纷灿烂、莺飞草长的视觉感（当然，这种视觉感与色彩的高纯度相关）。这幅作品的明度差异性不仅体现在单色上，也体现在多色上。在单色方面，红色、褐色和黄绿色都有本身的明度差异。红色系列的明度差异表现在 7 号色、8 号色和 15 号色上，褐色系列的明度差异表现在 3 号色、4 号色、10 号色和 14 号色上，黄绿色系列的明度差异表现在 5 号色、9 号色和 13 号色上。在多色方面，画面中各种色彩构成一系列有明显差异性的组合。明度从高到低排列依次是白色、黄色、黄绿色、红色、蓝色、褐色、紫色和黑色，明度阶层非常明显，明度跨度饱满有序。这幅作品的纯度差异性表现在所有色相保持了高度自立，没有被灰度调和，饱和度都比较高。为了表达出春末夏初时节的气氛，整体画面中的主题表现因为纯度的明确而产生"花红柳绿"般的冲突，并且作者没有做出缓和处理，而是有意把各类色彩的边界直接相邻，从视觉上加剧色彩纯度的冲突。这种冲突不是创作失误，而是作者的主观意图表达，符合表现主题的客观情况。

二、色彩秩序原则分析

（一）色相的色彩秩序分析

这幅作品选择了在色相环 360 度角内取色，并作相等色相梯度秩序。主色一共有三种：黄绿色、褐色和红色。其中包括一种互补色关系：红色与绿色。每种主色之间都相隔两色，且相隔距离均等，因此虽然这幅作品的色相跨度非常大，但是整体色相的色彩秩序很规整，色相关系平衡（图 16-5）。

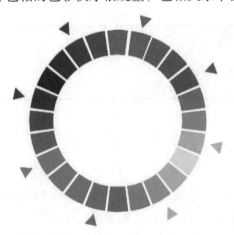

图 16-5　色相的色彩秩序分析

（二）明度的色彩秩序分析

占这幅作品大面积的是自然环境的五颜六色固有色彩，明度偏高。主景程阳风雨桥的色彩明度偏低。本节从这幅作品程阳风雨桥固有色系列中选取 3 号色、4 号色、10 号色、14 号色作为分析对象（图 16-6）。

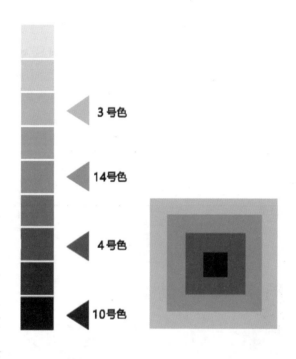

图 16-6　明度的色彩秩序分析

从图 16-6 可以看出，这幅作品的明度色彩秩序跨度比较大，从高明度至低明度排序分别是第 3 度（3 号色）、第 5 度（14 号色）、第 7 度（4 号色）、第 9 度（10 号色），呈现相等梯度分布，并且四个色是均等相隔的状态，彼此相隔一个明度。明度的色彩秩序差异如下：①未包含最高明度，即第 1 度；包含最低明度，即第 9 度。②明度梯度的差异性比较小，并且差异性比较均衡。③色彩明度主要集中在中、低明度梯度内。所以，画面色彩对比比较强烈，整体色彩明度渐变关系比较细腻。

第三节 色彩氛围

一、面积比例

这幅作品的自然环境固有色彩所占画面面积比例最大，占到整幅画面的80%以上，主景风雨桥的固有色因其建筑体量较小，反而所占画面面积比例不大（图16-7）。风雨桥固有色彩中的褐色系是为了体现取材于本地杉木的建材特色。自然环境固有色彩包括黄色、橙色、红色、绿色、蓝色和紫色等。这些色彩涵盖了桥梁、树林、河流、山川和天空等画面内容。整体画面是暖色调，同时采用少许的蓝色、紫色作为暖色调色彩的有益补充，体现在侗族传统建筑的民族特色、实物阴影、中远景山川连绵、林海茫茫状态等画面内容上。

图 16-7 色彩面积分析

整幅画面呈现的色彩饱和度很高，明度跨度变化非常大，纯度跨度变化不大。为了体现春末夏初时节侗族特色建筑的民族风情，作者用高饱和度的暖色调色彩来表现风雨桥，并且把中景、近景的树林、河流的色彩饱和度和纯度大幅提高，从而保持了整体画面中自然环境的"缤纷感"。另外，稍微降低远景山川和树林的色彩饱和度和纯度，既可以从视觉上推远山川和树林形象，保持风雨桥的主体重要性，又可以拉大整幅画面色彩搭配对比度，从而使整幅画面表现力度更具有作者想要表达的"冲突感"。

在色彩个性分析方面，这幅作品中的风雨桥色彩稳重，自然环境色彩活泼，整幅画面的色彩个性非常自然、活泼和生动，画面中最主要的色彩是黄绿色、褐色和蓝色。

（一）黄绿色

这幅作品中的黄绿色主要表现在远景的树林和近景的农田区域，分为深绿色（如 13 号色）和浅绿色（如 5 号色、9 号色）两大类，其中深绿色占更多面积比例。远景以浅绿色（5 号色）为主，纯度比较低，明度比较高；中、近景以深绿色（13 号色）为主、浅绿色（9 号色）为辅。深绿色的纯度比较高，明度比较低。两类绿色互相交错。画面中黄绿色出现的原因有三个：第一，远景集中分布的树林和山川；第二，中景两侧的树林；第三，近景的田地。

这幅作品中的黄绿色意味着自然和活泼。这幅作品中的绿色有黄绿色（暖色调）和蓝绿色（冷色调）两种，并以黄绿色为主。无论色相和明度如何变化，都是在各自的冷暖色序中做出调整，所以整体画面的冷暖系绿色各自比较协调。自然代表着山川和树林这种自然环境，显示出大自然的柔和美感。同时，自然优美的色彩和外形轮廓互相交错，衬托出风雨桥的建筑人工视觉感，圆润曲线与横直几何线相互衬托，这种交错使整个画面显得活泼丰富。

（二）褐色

这幅作品中的褐色主要表现风雨桥及其投影区域，分为深褐色（如 4 号色）和浅褐色（如 3 号色、14 号色）两大类，其中浅褐色占更大的面积比例。风雨桥的受光面色彩以浅褐色为主，纯度比较低，明度非常高；风雨桥的背光面及投影色彩以深褐色为主，纯度比较高，明度非常低。画面中褐色出现的原因有两个：第一，风雨桥的本身固有色；第二，风雨桥的投影，这个投影包括风雨桥自身构件给另一个构件的投影，以及风雨桥周边其他事物给风雨桥的投影。

在这幅作品中，褐色意味着乡土和安全感等意义。乡土代表着风雨桥的主要建材资源来自当地杉木，这种木材的乡土气息和地域意味十分明显，体现了桂北地区的实际情况。安全感代表着风雨桥隐蔽于缤纷五彩的自然环境中，历史上侗族在漫长的发展过程中形成了低调、防卫的民族性格，低调的褐色能够体现出风雨桥给人的安全感。

（三）蓝色

这幅作品中的蓝色主要表现河流、桥墩和树林区域，分为低明度蓝色（如11号色、12号色）和高明度蓝色（如2号色、16号色）两大类，其中高明度蓝色占更大的面积比例。远景的树林、河流色彩以高明度蓝色为主，纯度比较低，明度非常高；中景的桥墩色彩以低明度蓝色为主，纯度比较高，明度比较低。画面中蓝色出现的原因有三个：第一，河流、桥墩青石的本身固有色；第二，河流和桥墩的投影，作者主观降低其明度；第三，受到天空的环境色影响（在这幅作品中并未表现天空固有色，只做了纸面留白处理，保留天空区域的面积），远景的树林色彩呈现明显蓝色倾向。

在这幅作品中，蓝色意味着清洁和宁静等意义。清洁代表着河流的实用功能。在传统社会时期，侗族人民常在河流中洗涤衣物、浇灌作物、疏通河道等，蓝色的清洁意义便体现在此。宁静意味着远景树林和中景、近景河流的视觉感受，风雨桥具有动感的和流动的空间美学，而树林和河流的高明度蓝色是相对凝滞地、静态地、淡淡地分布在画面区域中的。

另外，这幅作品中除了上述三种色彩，还有白色、灰色和黑色等无情色彩。①白色在这幅作品中体现了很重要的调整性作用，而且所占面积比例比较大。白色主要集中在远景的天空区域和近景的田地区域，以宽笔触的几何形态进行收口，积极调和了这幅作品大跨度的明度对比。②灰色在这幅作品中以小面积穿插关系存在，为各类高明度色彩的密集分布进行微妙铺垫。③黑色在这幅作品中出现在风雨桥和田地的投影区域中，而且所占面积比例比灰色稍大。这不仅体现风雨桥的建筑受光、背光关系，还拉近了近景田地的视觉感，对整体画面的中、近景色彩进行平衡。

二、色块聚散度

这幅作品的色块聚散度分两大部分：风雨桥色块和自然环境色块。风雨桥色块在画面中心区域，色块聚散度非常高且集中。自然环境色块围绕在主景周边，在画面四周区域，色块聚散度比较低且分散。在这幅作品中，风雨桥色块为图，自然环境色块为底。

这幅作品要着重表现的是盛夏时节的风景，呈现艳丽、流逸、活泼的画面效果，但因为风雨桥的整体形态比较简单，其色相偏沉稳，实景透视效果不明显，所以作者选择了强烈对比的方法，即色相对比。

这幅作品使用了一种补色对比：红色与绿色。这两种极端强烈的色相对比频繁并且密集地共同出现在画面中，占据了画面的大多数面积，并且位于画面主题——风雨桥的附近，逐渐向画面四周扩散并降低各自明度，画面色块聚散度合理有序。

三、构图改变

（1）横向轴线。为了体现风雨桥与周围的树林、农田、山川的依存关系，把风雨桥和桥墩放在画面下方 2/3 横向轴线附近，上下不超过 1/4 幅度，并且把远景侗族木构建筑群放在横向轴线的上方 1/4 部分，与风雨桥右侧收口部分相连接，以形成画面不稳定感，强调风雨桥两点透视的画面冲击。

（2）主观改变。为了保证表现出风雨桥的主体性，作者对这幅作品的虚实关系做出了主观改变：模糊远景山川与天空的交界线，虚化远景的山川和树林区域，降低其色彩的纯度和明度，把树林形态简化并提升到画面最上方轴线；减少近景的田地色彩面积，以纸张留白的形式为画面下半部分收口，收口线条以几何形式体现，有意与其他区域的圆润曲线形成对比，适当虚化画面左右边角的实景内容。

第四节　小结

程阳风雨桥始建于 1912 年，建成于 1924 年，是广西侗族村寨的代表性建筑，整体桥体为木石结构，没有铆钉和其他铁件，全凭工匠的精巧搭造而成。程阳风雨桥全长 64.4 米、宽 3.4 米、高 10.6 米，集桥、廊、亭三者于一身，是一座四孔五墩伸臂木梁桥。程阳风雨桥上部是五座宝塔形和庑殿式的廊亭，饰以精美的灰塑、石雕和彩绘。中部是全木质结构，承重结构是杉木密布式悬臂托架简支梁结构体系，通道两边设有坐凳和栏杆，栏杆外沿有一层大挑檐。下部是五座六角菱形石质桥墩。程阳风雨桥是全国重点文物保护单位，也是世界四大历史名桥之一，生动体现了侗族人民对自然环境的协调能力和建筑智慧。

在色彩和谐方面，整幅画面的纯度基本相同，而明度和色相不尽相同；色相的色彩秩序控制在色相环 360 度角以内，并呈现相等色相梯度秩序。其纯度色彩秩序跨度较大，呈现相等梯度分布，色彩对比强烈，色彩渐变关系比较细腻。

在色彩氛围方面，五颜六色的自然环境固有色彩占有画面大部分面积。色彩聚散度分为风雨桥色块和自然环境色块两部分。风雨桥色块聚散度非常高且集中。自然环境色块聚散度比较低且分散。在这幅作品中，风雨桥色块为图，自然环境色块为底。

第十七章　个案研究：湖南省湘西土家族苗族自治州凤凰古城吊脚楼

（a）

（b）

图 17-1　凤凰古城吊脚楼

第一节　建筑色彩和整体概析

一、建筑色彩分析

湖南省凤凰古城吊脚楼群的色彩质朴统一，并且保持与周边自然环境色彩的高度一致性。凤凰古城吊脚楼群可分为官方建筑和民居建筑两大类，整体呈现以冷色为主、暖色为辅的色彩倾向。①官方建筑的主色为蓝色（B）系，呈现冷色的色彩倾向；明度值为 2～9，属于高、中、低明度区段，呈现强对比；纯度值集中在 4～6，属于中纯度区段，呈现弱对比。②民居建筑的主色为红色（R）系，呈现暖色的色彩趋势；明度值分布在 2～9，属于高、中、低跨度明度区段，呈现强对比；纯度值分布在 4～6，呈现弱对比（表17-1）。

表17-1　凤凰古城吊脚楼建筑色彩分析

	冷暖倾向	色　系	明　度		纯　度	
公共建筑	冷色	B	强对比	2～9	弱对比	4～6
民居建筑	暖色	R	强对比	2～9	弱对比	4～6

二、建筑整体概析

湖南省是我国中部地区省份之一，大部分地区属于亚热带湿润季风气候，全省的平均气温 16～18.5℃，1月的气温在 4～8℃，7月的气温在 26～30℃，湖南南部和西北部山区的气温偏低。湖南省的平均降水量在 1250～1750 mm，春夏交接时节多有暴雨，4～6月的降水量约为全年的40%，7—9月常常出现伏旱或者秋旱。春季盛行偏南风，冬季盛行偏北风。湖南省整体地形复杂，地处长江中下游、南岭以北、洞庭湖以南，是云贵高原向江南丘陵、南岭山地向江汉平原的过渡地带。地形为东、西、南三面环山，朝东北方向开放的马蹄形盆地。湖南省的气候和地形主导了当地传统建筑的功能和风格，合理地利用和适应环境是当地先民对大自然和民族发展需求的发展理念，传统建筑的平面布局、屋顶形制、山墙形式、立面形态等方面都在积极适应自然地理环境的特定要素。

湖南传统建筑呈现千姿百态的状态，东、西、南、北各地的传统建筑风格差异性很大。其中，湘西地区包括怀化市、湘西土家族苗族自治州等，本章中的凤凰古城即隶属此地区。湘西地区多为丘陵山地，包括武陵山地、雪峰山地等，并且水系丰富，沅水、澧水两条主要河流纵贯全境。湘西地区地势起伏比较大，开阔地形比较少，当地村落多呈条带状或者散点状，传统建筑的平面布局多以不规整状态来适应地形，并且多分布于阳面坡地，如苗族的石板屋和土砖屋、客家人的土砖屋等。这一章中的凤凰古城吊脚楼就是湘西地区传统建筑的优秀代表。

从湘西地区的地理环境来看，险要奇峻的地形并不能吸引汉族人大规模定居，因此这里就成为华夏亚文化体系下的少数民族聚居地。从历史发展过程来看，少数民族的经济文化实力一直处于劣势地位，具有明显的排他性和宗族凝聚力，普遍具备族群防卫意识。吊脚楼就诞生于这种历史背景下，吊脚楼利用地形高差和不规则地基，"择悬崖凿窍而居""依山而建、聚族而居"。之所以选择悬崖、山坡作为吊脚楼的建设地址，一方面是因为缺少平地土地资源，耕地资源紧张；另一方面则考虑传统村落的防御能力和再生方式。凤凰古城在很长一段历史时期内经历了多次战争讨伐，对于防御功能和再生方式的强烈需求深深影响了整体古城空间布局和吊脚楼的建造理念。

湘西地区的传统吊脚楼已经有很悠久的历史。上溯到原始社会，土家族先祖之一的古代巴人居住方式主要是巢居，伴随着历史的不断发展，受到巴楚文化交汇的持续影响，文化的碰撞与交流是必然的，因此土家族先祖的居住方式也随之不断发生着变化，学会了更为先进的生产技术和建造技术，从以巢居为主演变成以干栏建筑为主，全木构架的吊脚楼就是当地文化与建造技术完美结合的代表。吊脚楼顺应悬崖山势，把平层建筑与悬空楼房两种类型相结合，不仅占地面积小，还保障了当地人们的生活质量和空间需求，能够克服当地湿度大的气候特点，免受地面虫兽危害。同时，一楼空间没有被浪费，用来作为辅助空间。这种一举多得的建造方式充分体现了湘西地区土家族人民的经验和智慧。

虽然有一个统一的名称：吊脚楼，但是众多吊脚楼并没有统一的外观形制。根据外形特征，大致分为五个类型。第一，单吊式。这是吊脚楼最为常见、最简单的一种类型，主要特点是只悬空了一个厢房。第二，双吊式。这个类型的吊脚楼悬空了正屋的两个厢房，通常建造时先建正房，然后根据地形和需求再决定补建单吊厢房或者双吊厢房。第三，四合水式。这种类型是双吊式的改进版本，表现在把双吊式厢房上方相连接，形成一个四合院。这个吊脚楼四合院与汉族传统四合院有类似之处，表现出湘西地区土家族与中原地区汉族文化互相交融的成果。第四，双层吊式。这是在原本已经悬空的厢房上方再加建一层，随着社会发展进步，有些吊脚楼甚至出现加建两层的做法。单吊式或者双吊式都可以加建。第五，平地起吊式。与以上四个类型吊脚楼不同的是，平地起吊式吊脚楼的地基是一块平整地面，但是依然用木柱支撑，抬高厢房。从以上类型吊脚楼可以看到，无论哪一种类型，都以厢房是否吊起、吊起程度、吊起样式为基本特征，并在此基础上进行各种变化。因此，虽然吊脚楼变化众多，但是万变不离"厢房"，并且吊脚楼最为出彩的地方也是厢房。

作家沈从文曾经在《凤凰古城之美》中写道："凤凰古城绵亘逶迤于武陵山脉深处，倚山而筑，环以石墙，濒临沱江，群山环抱，河溪萦回，关隘雄奇。"这座美丽的古城位于湖南省湘西土家族苗族自治州凤凰县，是湘西土家族和苗族等少数民族聚居区。凤凰古城始建于明代，2001年被列为国家历史文化名城。

凤凰古城历史悠久，但是其建筑群保存依然完好，明清时期的民居一百多栋，庙祠馆阁三十余座，古街道两百余条，东门和北门古城楼尚在。在凤凰古城中，最具民居特色之美的当属沱江吊脚楼。该吊脚楼始建于清末民初，坐落于古城东南部的回龙阁，前临古官道，后悬于沱江之上，全长约240米，顺应山脉和江水的走势，与自然环境浑然一体。

凤凰古城的吊脚楼最原始的雏形是南方干栏建筑，更准确地说是属于半干栏式建筑。它是结合湘西山多岭陡、木多土少、湿热多雨、蛇虫多毒等自然条件而建造的具有典型生态适应性特征的山地民居建筑群。凤凰古城吊脚楼通常采用五柱六挂或五柱八挂的歇山式穿斗挑梁木构架体系，主要有正房和厢房两种空间。正房有两层或三层，具有鲜明的随地而建的特点，上层的内部空间宽大，下层因地制宜，所以空间多不规则，但吊下部分雕刻精美，呈现金瓜、兽头、花卉等形状。正房通常建造在江边实地上面，厢房有一边与正房相通，其余三边皆悬空临江，靠穿枋承挑悬出江面、靠木柱或石柱深入江底承重。吊脚楼在一层或者二层的转角欹子部位设一圈围廊，当地人称之为"跑马廊"。围廊出挑较深，其栏杆、檐柱和花窗的木艺制作精致，为朴实的吊脚楼增添了几分花样。欹子顶部的歇山檐口四角向上发戗，形成了轻微起翘、如翚斯飞的样式。有一些吊脚楼设有封火墙，但不像北方封火墙那般高耸，其不仅具有防火防盗的实用功能，还有益于丰富吊脚楼的肌理美感。每座封火墙前后都设有凤凰引项朝天图案造型的鳌头，与凤凰古城名号相呼应，形成了错落有致的古城天际线。

凤凰古城之美不仅在于其青山绿水的悠长意境及其清代汉苗族之间的军防历史，还在于湘西人民对自然环境和谐相处的态度及其民居形态。在鳞次栉比的吊脚楼里，沈从文笔下《边城》中的乡间意趣似乎得到了永生。虽然吊脚楼能够很好地适应湘西地区自然环境条件，也充分满足了当时当地人们的生产生活条件，但是随着湘西地区社会环境的逐步开放、经济文化水平的多元化发展，人们对传统吊脚楼的审美观念也在发生变化，加入了很多现代建筑材料和建造方式。面对这种现实情况，采取什么方式来保护及发展传统吊脚楼是一个亟待解决的问题。

第二节　色彩和谐

图 17-1 这幅作品采用了湖南省湘西土家族苗族自治州凤凰古城的吊脚楼群的远视角度，拍照时间是湘西地区的春季清晨，此时刚刚日出，日照条件较差，夜间雾霭尚未完全散去，沱江等自然环境的色彩比较柔和清雅。所用颜料为德国史明克牌大师级固体水彩，还有黑色和冷灰色、纯灰色酒精马克笔，吊脚楼群的屋脊、门窗区域使用了樱花牌高光笔进行勾线。纸张为法国康颂牌巴比松 1557，300 克，原纸白色，四开规格，细纹纹理。绘制总用时约 3 小时30 分钟。

一、色彩家族因素分析

这幅作品中的沱江吊脚楼群主要有两类固有色：木色和青瓦色，而且各自的明暗对比很强烈。配景中的沱江、山体和天空所占画面面积较大，沱江部分还体现了吊脚楼群和山体的环境色影响。这种具有多种固有色和环境色的画面能烘托出"神秘又带有烟火气"的湘西地域民族氛围（图 17-2）。所以，这幅作品整体色彩偏冷色调，明度对比强烈（17-3），冷暖对比柔和，主要色块对比如图 17-4 所示。在色彩三要素中，这幅作品选择了纯度基本相同这一项，色相和明度不尽相同。

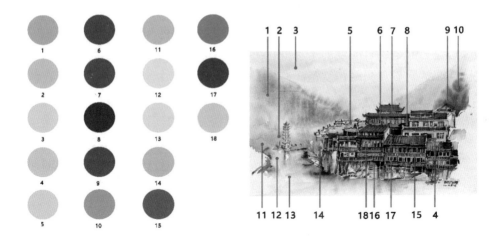

图 17-2　主要色块分析

图 17-3　明度对比

图 17-4　主要色块对比

　　这幅作品的色彩色相比较多，冷色调色相占大多数。从色相环上看，这幅作品的色相已经跨了大半部分，约 250 度，主色是蓝色和绿色。作者刻意虚化自然环境，强调近景吊脚楼群的边缘，加大两类形象的远近对比程度，使用蓝色（冷色）和橙色（暖色）的色相对比关系来突出吊脚楼群材质，冷暖色之间的边界十分明确，并且色彩交界边缘高低错落、互相交叠，这符合吊脚楼本身因地制宜、活泼生动的建造风格。这幅作品的明度差异性主要体现在蓝色与绿色这两类单色上。蓝色系列的明度差异表现在 3 号色、4 号色、5 号色、7

号色、8 号色、14 号色和 17 号色上。绿色系列的明度差异表现在 1 号色、9 号色、10 号色、11 号色、12 号色和 13 号色上。蓝色和绿色虽然在色相环上为邻近色，但是各自明度的丰富变化决定了画面整体明度差异，并不单调，明度阶层非常明显，明度跨度饱满有序。这幅作品的色相差异性表现在所有色相保持了相对的自立，大部分色相的纯度没有被灰度调和，饱和度都比较高。为了表达春季早晨的感觉，以及清冷江面、朦胧雾霭的气氛，作者对远景做出淡化缓和的处理；对中景吊脚楼群做出强调边界线的处理，把受光面、背光面和局部高光的边界直接相邻；对近景受光面、背光面和投影加强冷暖倾向的冲突感，但是并没有表现出具体事物的投影轮廓。

二、色彩秩序原则分析

（一）色相的色彩秩序分析

这幅作品选择了在色相环 250 度角内取色，并作相等色相与类似色相兼具的梯度秩序。主色一共有三种：蓝色、绿色和橙色。其中包括一种互补色关系：橙色与蓝色。主色的色相分布不平衡，每一个色相相互间隔色不相等，有一个间隔色与两个间隔色的间隔差异。因此，这幅作品的色相跨度很大，画面整体色相的色彩秩序在跨度中呈现一定的冲突性，色相关系不太平衡，明暗关系对比感比较强（图 17-5）。

图 17-5　色相的色彩秩序分析

（二）明度的色彩秩序分析

本节从这幅作品中选取 5 号色、7 号色、8 号色、17 号色为例作为分析对象（图 17-6）。

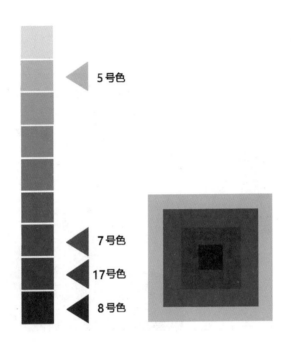

图 17-6　明度的色彩秩序分析

从图 17-6 可以看出，这幅作品的明度色彩秩序跨度非常大，但主要集中在低明度的 3 个跨度内，从高明度至低明度排序分别是第 2 度（5 号色）、第 7 度（7 号色）、第 8 度（17 号色）、第 9 度（8 号色），整体呈现非相等梯度分布，并且低端明度的三个色彩是彼此相邻的状态，没有相隔色。明度的色彩秩序差异如下：①包含一个极端明度，即第 9 度；②明度梯度的差异性比较大；③色彩明度主要集中在低端明度梯度内。所以，画面色彩对比强烈，青瓦屋顶色彩和投影色彩的明度渐变关系比较细腻。

第三节　色彩氛围

一、面积比例

图 17-7　色彩面积分析

　　这幅作品的冷色系色彩所占画面面积比例最大，占到整幅画面的70%以上，其余是黄棕色系色彩（图17-7）。黄棕色系色彩主要在民居建筑固有色、受光面，冷色系色彩主要在远景天空、山体、江景和建筑投影等区域。

　　整幅画面呈现的明度跨度变化较大，色相数量比较多，这与画面表现的时间氛围有关。为了体现吊脚楼群与悬崖、江流的空间叠层关系，作者采用了远视角度，并且采用高饱和度的冷色调色彩来表现吊脚楼群及投影。另外，画面中唯一比较大面积的暖色区域，即吊脚楼的木构部分和近景江面受光面部分，这个区域面积不是在画面中最大的，但处于中、近景和中间轴线位置，所以作者主观性地保持其明度和纯度，从而衬托出蓝色区域的明度和纯度，并且与远景的小部分暖色保持视觉呼应关系和画面整体平衡。这是利用了本书第四章第二节中所阐述的"同时对比"原理：用一种强烈色彩（上文所提及的蓝色系色相）影响画面中所有的色彩，在这种强烈的视觉刺激下，人眼会自动调节平衡，以其相反的明度的形式来补充画面，所以画面中的暖色调（黄色、棕色、橙色等）明度更高、纯度更高（但是，实际上这些暖色调本身明度和纯度并未改变），色彩属性的视觉效果更加鲜明。

在色彩个性分析方面，这幅作品中色彩偏冷色调，画面中最主要的色彩是蓝色、绿色、橙色。

（一）蓝色

这幅作品中的蓝色主要表现在吊脚楼群和天空区域。大部分的蓝色是以比较单纯的色相形式出现的，少许部分的蓝色以灰色＋蓝色的混合形式出现。蓝色的纯度非常低，明度差异比较大。画面中蓝色出现的原因有两个：第一，远景的天空；第二，吊脚楼的屋顶、窗户及投影。

这幅作品中的蓝色意味着安静和低调。天空区域和窗户区域的蓝色面积比较大，但是其低纯度、高明度的特点使其在视觉上并不突出，又使用湿画法使天空与山川树林色彩边界模糊，这样更能推远天空的视觉错觉，表达安静的画面背景和画面氛围。在吊脚楼区域，密集的青瓦屋顶和蓝灰色墙体是重点表现区域，表达出青瓦和石灰墙体的质感，以及层层叠叠的投影关系，低调表现吊脚楼的外形轮廓特征，与自然环境和谐共存。

（二）绿色

这幅作品中的绿色主要表现在山川树林和江面区域。远景的绿色多以冷绿色的形式出现，近景的绿色多以暖绿色的形式出现。绿色的纯度比较低，明度差异比较大：吊脚楼群附近树林的绿色明度比较低，其余区域的绿色明度比较高。画面中绿色出现的原因有两个：第一，山川树林；第二，沱江江面在周边自然环境影响下呈现绿色倾向。

这幅作品中的绿色意味着自然。绿色的面积比较大，远、中和近景都存在绿色，山川树林的固有色层次比较丰富，体现丛林峦嶂的空间感。沱江的绿色包括江面固有色、投影色、环境色和微弱高光，表现江面水流的缓慢流速。

（三）橙色

这幅作品中的橙色主要表现在中景吊脚楼群、中景树林和近景江面等区域。黄色以两种形式出现：纯粹的橙色，如 18 号色，出现在吊脚楼群的木构部分；橙灰色，如 2 号色，出现在树林和江面的受光面部分。画面中橙色出现的原因有两个：第一，吊脚楼木材的固有色；第二，树林、江面的受光面或橙色环境色。

这幅作品中的橙色意味着岁月历练感和日光温暖等意义。每一座传统吊脚楼的门窗、栏杆、护板、木墙等木材固有色都具备岁月沉淀、积累和婉转等色彩个性。江面、树林作为反射率低的事物，受到日光、木材等环境色的影响，在各自固有色的基础上呈现橙色倾向，显得温暖明亮。

另外，这幅作品中除了上述三种色彩，还有白色和黑色等无情色彩。这些色彩面积比较小，形态细碎，对于题材表现也没有起到决定性作用，所以本节不对这些无情色彩进行阐述。

二、色块聚散度

这幅作品的色块聚散度分两大部分：吊脚楼群色块和自然环境色块。吊脚楼群色块占据画面大部分，聚散度非常高且集中。自然环境色块在画面远景、左边和下半部分，聚散度非常低且分散。在这幅作品中，吊脚楼群色块为图，自然环境色块为底。

这幅作品体现的是春季清晨的风景，氛围为静谧、淡雅。作者把吊脚楼群作为一个"整块"处理，强调上实下虚、上大下小的矛盾感，色块呈现大整体、小繁杂的状态，色彩与色彩之间边缘的边界数量不多。所以，作者在三类色块聚散度中选择了强烈对比的方法，用色大胆，中景与近景、远景的虚实对比效果非常清晰。

（1）色温对比。这幅作品同时使用了暖色调和冷色调所产生的色块对比。冷色调包括天空区域的灰蓝色、中景吊脚楼群屋顶和墙体的蓝色、树林山川的绿色等；暖色调包括吊脚楼群木构部分的橙色、江面树林的灰黄色、其余的零碎橙色和棕色等。画面中出现了蓝色系列和橙色系列，这两个系列是非常强烈的色温对比，但是其中一部分色相降低了它们的纯度，并且整体上看低纯度色相占据画面大部分，所以画面中其他色彩无论靠近哪一个系列，色温对比都比较温和，冷暖趋向变化比较缓和。

（2）补色对比。这幅作品使用了一种补色对比：蓝色与橙色。这种极端的平衡关系使吊脚楼的屋顶和木构两个部分块面关系鲜明，并且各自所占面积都在画面中景区域，面积都比较大，各自的纯度都非常高。作者以建筑外形轮廓的形式进行画面色彩切割，所以画面冲击力稍缓。另外，作者用灰橙色和橙色进行过渡，减小了这些色相的跨度。

（3）纯度对比。为了表达强烈对比的效果，作者使用了以色彩还原度高而闻名的史明克水彩颜料，并且保持实景中吊脚楼屋顶色彩纯度，主观提高了木构橙色的纯度和投影灰色的纯度，这是通过水彩干画法和酒精马克笔来实现的。在吊脚楼屋顶和木构及投影区域，水彩颜料浓度很高，水彩笔头几乎没有水量，色彩边界是硬性拼接，在投影边缘、建筑转角、屋脊背光面等区域使用冷灰色和黑色酒精马克笔进行最后铺色；在天空、山川树林、江面等区域，水彩颜料浓度很低，全部使用湿画法，颜料与清水的调和比率大致在 1 ∶ 3；在屋脊高光、门窗受光面的转角区域使用高光笔进行点色和画线。

三、构图改变

（1）竖向轴线。这幅作品主要以沱江吊脚楼群为表现主题，但是原实景中天空、山体和江景的面积过大。因此，作者做出了一定程度的构图改变，选择竖向轴线构图。沱江吊脚楼群位置在画面中心轴线附近，其右边缘几乎抵拢画面右边缘，其左边缘不超过画面左边缘约1/3幅度。另外，虚化远景山体约1/3，降低其实际明度。

（2）主观改变。吊脚楼群是这幅作品的最重要的表现对象，所处位置也比较集中，为了保证表现吊脚楼群的主体性，这幅作品的构图做出了如下主观改变：把吊脚楼群的位置向画面正中竖向轴线移动约1/5；虚化远景的天空、山川、树林和近景的江面等，不具体表现其轮廓和肌理的细节；把画面左侧的局部树林做纸面留白处理，保留轮廓；用竖向的吊脚楼柱脚、墙体转折、投影等元素形成从下至上的导向线，并且主观性地适当改变吊脚楼柱脚的倾斜度，把视线引导至画面中心的吊脚楼的门窗、屋顶，突出这些建筑细节的主体性。

第四节　小结

沱江吊脚楼群是凤凰古城的代表性景色，体现了湘西地区半干栏式建筑的特色。吊脚楼群始建于清末民初，全长约 240 米，位于古镇官道与沱江之间，是一座典型生态适应性特征的山地民居建筑群。吊脚楼群通常采用五柱六挂或五柱八挂的歇山式穿斗挑梁木构架体系，主要有正房和厢房两种空间。正房位于古城官道之上，厢房多悬于沱江江面之上，靠穿枋承挑悬出江面，靠木柱或石柱深入江底承重。吊脚楼群的金瓜、兽头、花卉等制作十分精美，跑马廊的栏杆、檐柱和花窗也体现出高超的木艺水准。屋顶檐口四角采用向上发戗样式，为建筑增添轻盈之感。吊脚楼群的封火墙较为矮小，仅稍高于屋顶，其前后都设有凤凰引项朝天形状的鳌头。

在色彩和谐方面，整幅画面选择的纯度基本相同，而明度和色相不尽相同；色相的色彩秩序控制在色相环 250 度角以内，并呈现相等色相与类似色相兼具的梯度秩序。其明度色彩秩序跨度非常大，但主要集中在低明度的 3 个跨度内，呈现非相等梯度分布，色彩对比强烈，整体色彩纯度渐变关系比较细腻。

在色彩氛围方面，冷色系色彩占有画面大部分面积。色彩聚散度主要分为吊脚楼群色块和自然环境色块两部分，吊脚楼色块聚散度非常高且集中，自然环境色块聚散度非常分散。吊脚楼色块为图，自然环境色块为底。在构图改变方面，选择竖向轴线构图，减少配景面积，扩大主景面积。吊脚楼群在画面竖向中心轴线附近，其右边缘几乎抵拢画面右边缘，其左边缘不超过画面左边缘约 1/3 幅度。

第十八章 个案研究：安徽省歙县阳产土楼群

（a）

（b）

图 18-1　阳产土楼群

第一节 建筑色彩和整体概析

一、建筑色彩分析

安徽省歙县阳产土楼群属于徽派建筑，但受地形限制而自成风格，并且保持与周边自然环境色彩的高度一致性。阳产土楼群的色彩风貌主要体现在建筑屋顶和墙身部位，整体呈现暖色的色彩倾向。①建筑屋顶的主色为无彩度灰色（N）系和蓝色（B）系；明度值分布在 7～9，属于中低、低明度区段，呈现弱对比；纯度值集中在 6～9，属于中低、低纯度区段，呈现中对比。②墙身的主色为红色（R）系，呈现暖色的色彩倾向；明度值分布在 1～3，属于高明度区段，呈现弱对比；纯度值分布在 4～9，属于高中、中纯度区段，呈现强对比（表 18-1）。

表18-1 阳产土楼群的建筑色彩分析

	冷暖倾向	色 系	明 度		纯 度	
建筑屋顶	中性、冷色	N、B	弱对比	7～9	中对比	6～9
墙身	暖色	R	弱对比	1～3	强对比	4～9

二、建筑整体概析

阳产土楼群位于安徽省歙县深渡镇阳产村。阳产村始建于宋代，由郑氏所建。阳产土楼群倚山而筑，鳞次栉比地按排而建，整体呈现典型的山地民居特征。阳产村依山而建，山坡比较陡峭，在当地歙县方言中，将"陡"音念为"产"，阳产的地名即由此而来。阳产土楼群保持了比较好的原生态状态，整体坐落在海拔 600 余米的山地上，山泉清澈、林木葱郁。阳产村现存土楼 300 余栋，是目前华东地区保存完好的徽派土楼建筑群代表之一。阳产村目前常住人口 500 余人，均是阳产村人先民为躲避战乱从河南省郑州市及周边地区不断迁徙至此，驻扎后不断发展所形成的单姓自然村落。阳产村同前章的磨庄村、永定土楼一样，都是属于防卫型传统村落。另外，阳产村因其风格独特的建筑、优美的自然环境成为黄山市的百佳摄影地点之一，也是近十年来的学术研究热点之一。

阳产村修建于半山腰的一处向阳山窝处，依清泉而建，遵从"天人合一"的自然格局。从山脚最低处到最高处土楼的垂直高差达50米，受所在地形的限制，阳产土楼群因地制宜地采用集散型横向布局、阶梯状态的竖向布局两种方式。村落中主要走向与等高线垂直，随山势变化而变化。在高度一致的土楼之间，采用石板或者青石块铺设的道路沿着山坡铺设层层台阶，连接上下片区。通常，这种台阶式道路沿着村中溪泉的方向进行布置，在片区交界处结束。台阶式道路有多样的连接造型。例如，在同一高度的土楼之间的巷道内设有台阶，根据台阶与旁边土楼的空间关系，可以分为平行连接与垂直连接。巷道内的台阶位置会有差异，可以从较高的巷道端口铺设台阶连接较低巷道，也可以从巷道中间的位置铺设台阶与低处连接。在阳产村西南方向有一条东高西低并且与水流方向一致的山路，在有溪泉的地方还会架桥来连接不同片区的土楼。这些灵活的连接造型使阳产村内300余栋土楼可以有效地连成一个整体，极大地增强了村落的防卫功能，打破了原有地形的限制，反而使其成为独特的地理优势。

源于徽文化中建筑不营造单间和偶数间的观念，阳产土楼群的平面布局通常采用"一"字型的"一堂两室"三开间基本形制，设有厅堂、厢房和楼梯。厅堂为聚会公共空间，兼作餐厅。东厢房是上房，为长辈居住，西厢房通常为晚辈卧室、存储空间和厨房。楼梯通常在厅堂太师壁后方，因用地紧张，楼梯的坡度较陡，多为40～60度。

与前章的永定土楼群不同，阳产土楼群呈方形，多为两三层，同家族之间的土楼还能左右连接、横向扩展。受到山地前后地形高差较大的影响，土楼设有晒秋的垂直晒场，通常在大门亮子之上与二层窗台之下，沿墙壁从左至右每隔1.5米设置一根长约20厘米的木棍，上下两排，最大限度地利用了地势高差空间。

阳产土楼群的立面通常以大门为中轴线，呈现中心对称布置。立面为规整的三段式。墙基是当地灰青石；墙体主材为当地红土和石子，通常墙厚30厘米，部分外墙在夯筑中的隔层和转角处加以竹篾和木条以增强整体性；双坡悬山式屋顶上覆南方常见的小青瓦。因此，土楼从上至下的颜色依次为黑色、土红或土黄色、青灰色，依靠其材质色彩与周边自然环境取得徽文化中常见的"天人合一"的和谐感。

相较于传统"天井式"徽派建筑的较小窗户，阳产土楼群的窗户开得更大，并且更讲究中心对称意识。窗户以大门中线为轴线两侧对称布置，一层窗户大于二、三层，部分做错位布置，在大门上的窗洞通常也做交错布置，可能是为了防止外墙泥土开裂。

在土楼建造工艺方面，当地工匠靠师徒传承或自成一派。土楼的建筑形制、营造法式没有固定图谱，工匠心中自有心得和路数，在动工之前画好简单图纸，征求土楼主人意见之后，即可选择良辰吉日开工建造。土楼墙础用青石砌筑，工匠用木材制成长约 2 米、高约 0.3 米的模具，放置在砌筑好的墙础上，然后把拌好的红土倒入模具，一边倒一边用楔形木锤一上一下用力捶打，在隔层和转角处还加入竹篾和木条。墙体边角处用木锤扁头捶打，墙体中间处用木锤圆头捶打，至全部夯实以后，才能把模具拆卸下来。在砌筑第二层时，墙体之间预埋好木梁，以搁置楼板，木梁下方垫置许多木棍，以增加其承受能力。墙体砌筑好以后，要进行饰面工作，即将筛出来的极细黏土以手掌用力抹在墙体表面，用扁木锤用力拍打，一直拍打到非常光滑平整为止。这种饰面工艺使阳产土楼群更显精致细腻，与徽派艺术的细腻婉约风格相符合。

古时的阳产村交通不便、经济较为落后，但因为靠近徽州文化中心，深受这种文化影响，当地居民因地制宜、就地取材，在建筑方面创造了徽派建筑另一典型流派，这是徽州山越人智慧的结晶，是当地落后生产力与徽派文明的结合，体现了东方建筑美学的高水准。

第二节　色彩和谐

图 18-1 这幅作品采用了安徽省歙县深渡镇阳产村的土楼群的鸟瞰角度，放弃透视关系，纯粹表现建筑立面关系。拍照时间是该地区的夏季中午，此时日照条件很好，红土、树林等自然环境色彩的色相非常鲜明。所用颜料为德国史明克牌大师级固体水彩，还有黑色和暖灰色、纯灰色酒精马克笔，土楼群屋顶的正脊和垂脊区域使用了樱花牌高光笔进行勾线。纸张为法国康颂牌巴比松 1557，300 克，原纸白色，四开规格，粗纹纹理。绘制总用时约 2 小时 30 分钟。

一、色彩家族因素分析

这幅作品意在表达村落的整体意境和民居层层跌落的美感，着重表现双坡悬山式屋顶天际线变化与自然材质外墙微妙的色彩对比，适当虚化土楼群的下半部分和远景的天空云彩（图18-2）。因此，这幅作品整体色彩为黄红色系，总体色彩偏暖色调，明暗关系柔和，冷暖关系较强烈，主要色块对比如图18-3所示。在色彩三要素中，这幅作品选择了明度基本相同这一项，纯度和色相不尽相同。

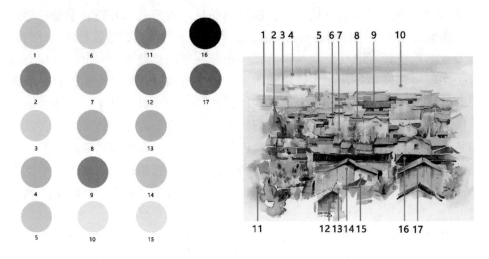

图 18-2　主要色块分析

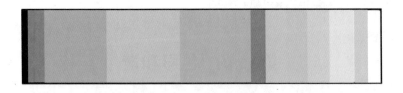

图 18-3　主要色块对比

　　这幅作品的色彩色相非常相似，整体偏暖色调，而且是红褐色调，主色包括了近似色和互补色，分别是红色、橙红色、橙色、黄绿色、绿色、蓝绿色。对于前后高差很大的双坡屋顶土楼群，作者刻意强调了土楼之间的立面高差特征，用暖色立面形成"块"，水平方向的屋顶形成"线"，六种主色之间的边界十分明确，块与线的视觉交错感加深了主色的边界，尤其是暖色墙体与冷色屋顶的交界感最强烈，这种尖锐的边界缓解了土楼特有的敦厚感，同时活泼了画面的主题氛围。这幅作品的纯度差异性不仅体现在单色上，还体现在多色上。在单色方面，橙红色、橙色、绿色、蓝绿色这些单色都有本身的纯度差异。橙红色系列的纯度差异表现在 1 号色、11 号色和 17 号色上，橙色系列的纯度差异表现在 5 号色、6 号色、7 号色、8 号色、14 号色和 15 号色上，绿色系列的纯度差异表现在 2 号色和 4 号色上，蓝绿色系列的纯度差异表现在 3 号色、9 号色、10 号色和 13 号色上。在多色方面，画面中各种色彩组合成一系列有明显差异性的画面整体纯度。纯度从高到低排列依次是白色、黑色、红色、黄绿色、橙色、橙红色和蓝绿色，纯度阶层比较明显，纯度跨度比较饱满。这幅作品的明度差异性表现在所有色相保持了几乎相同的明度，除了无情色彩、蓝绿色之外，几乎没有极端明度，明度都比较高。整体画面中的物体表现因为明度的明确性，准确表达出夏季土楼群的受光面和背光面关系，但是因为画面中主色的纯度基本相同，从而使这种受光面和背光面关系被一定程度地缓和，符合徽派建筑婉约低调的本质属性。

二、色彩秩序原则分析

（一）色相的色彩秩序分析

这幅作品选择了在色相环 180 度角内取色，并作相等色相梯度秩序。主色一共有六种：红色、橙红色、橙色、黄绿色、绿色、蓝绿色。其中包括两种互补色关系：红色与绿色、橙红色与蓝绿色。每种主色之间的相隔距离不均等，有一个相隔色和两个相隔色的区别，大多数是一个相隔色。因此，这幅作品的色相跨度不大，整体色相的色彩秩序比较规整，色相关系存在一定的冲突关系（图 18-4）。

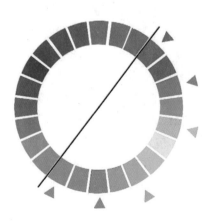

图 18-4　色相的色彩秩序分析

（二）纯度的色彩秩序分析

因为这幅作品以橙红色和橙色系色彩为主，本节从这幅作品中选取 1 号色、5 号色、7 号色、8 号色、14 号色为例作为分析对象（图 18-5）。

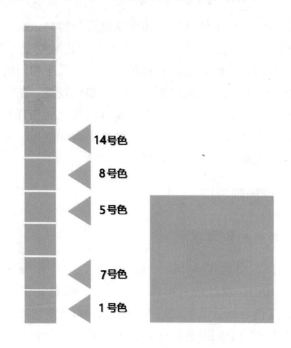

图 18-5　纯度的色彩秩序分析

从图 18-5 中可以看出，这幅作品的纯度色彩秩序跨度比较大，在 6 个跨度以内，呈现相等梯度分布，从高纯度至低纯度排序分别是第 4 度（14 号色）、第 5 度（8 号色）、第 6 度（5 号色）、第 8 度（7 号色）、第 9 度（1 号色）。呈现两种不同的梯度分布状态，第一种状态是第 4 度（14 号色）、第 5 度（6 号色）和第 6 度（5 号色）彼此是相邻状态，而第 8 度（7 号色）和第 9 度（1 号色）彼此是相邻状态。第二种状态是 5 号色与 7 号色彼此相隔一个梯度。纯度的色彩秩序差异如下：①包含一个极端纯度，即第 9 度；②纯度梯度的差异性不大；③色彩纯度主要集中在中、低纯度梯度内。所以画面色彩对比比较强烈，土楼外墙的整体纯度色彩渐变关系比较细腻。

第三节 色彩氛围

一、面积比例

这幅作品的暖色系色彩所占画面面积比例最大，占到整幅画面的90%左右。在太阳光下，土楼群的红土、竹筋、木构架等色彩愈发显得偏暖调，土楼群的屋顶虽然是黑灰色，但受到上述色彩的影响也稍偏暖，呈现微微的黑褐色和黑红色（图18-6）。作为画面整体色彩的补充，作者保留了一些冷色调，如植物和土楼群的投影、朦胧的远景山体等。

图18-6 色彩面积分析

整幅画面呈现的色彩饱和度差异性比较大，明度跨度变化比较小。一方面，为了体现阳产土楼群最显著的特征——红泥墙面，作者稍微放大土楼群的色彩面积高度，不仅使用红色及近似色来表现，大幅提高树林绿色的纯度，还刻意大幅降低了土楼屋檐投影的明度，强调了屋檐投影的边缘线，从而保持了整体画面中土楼群墙体的"立面高差特征"。另一方面，作者减少了远景天空和近景树林的色彩面积，利用湿画法虚化天空和树林的边缘线，把树林轮廓线抽象化，这样可以从视觉上推远天空和树林形象，衬托土楼群的主体重要性，使上文中阐述的"块"和"线"关系更加突出,从而使整幅画面的视觉表现力度更加强烈,暖色调面积占有绝对面积比例。

在色彩个性分析方面,这幅作品中的土楼群均取材于当地自然环境,整体色彩为暖色调,主景块面关系规整,配景自然活泼,画面中最主要的色彩是红色、橙红色、橙色、黄绿色、绿色、蓝绿色。

(一)暖色(红色、橙红色和橙色)

这幅作品中的暖色调主要表现在土楼群的墙体区域,分为橙红色(1号色、11号色、17号色)、橙色(5号色、6号色、7号色、8号色、14号色、15号色)、红色(12号色)三类,其中橙色占更大的比例。红泥墙面的受光面以橙色为主,纯度比较低,明度非常高;红泥墙面的背光面和投影区域以橙红色、红色为主,纯度比较高,明度差异性比较大,整体上看以高明度为主。画面中出现暖色调的原因有两个:第一,红泥墙面本身的固有色;第二,土楼屋檐在红泥墙面上的投影。这个投影既有红泥墙面凹凸粗糙肌理的投影,又有屋檐对墙面的整体投影。

这幅作品的暖色意味着乡土和低调等意义。乡土是因为红泥材料、木材取材于当地,没有变化多端的其他建筑材料参与,也没有严谨细致的建造法式考究,只是以日照条件下鲜明的受光背光关系来控制暖色调的微妙变化,带有强烈的乡土气息和纯朴气质。低调是因为这幅作品中的暖色调都为近似色,彼此的色相关系是非常缓和的,靠明度和纯度进行调节,视觉上非常平衡,但是存在着些许的对比差异,这与当地红土地理条件相符,也与阳产村的防卫功能需求相符。

(二)冷色(绿色和蓝绿色)

这幅作品中的冷色主要表现在阳产土楼群屋檐区域、天空区域和树林区域,分为绿色(2号色、4号色)和蓝绿色(3号色、9号色、10号色、13号色)两类,其中绿色占有更大的比例。屋檐区域以蓝绿色为主,纯度非常高,明度非常低;天空和树林区域以绿色为主,纯度非常高,明度差异性非常大,整体上看以低明度为主。画面中出现冷色调的原因有两个:第一,屋檐的小青瓦的固有色;第二,天空和树林等自然环境的固有色,带有作者的主观性表达。

这幅作品中的冷色意味着沉着和自然等意义。为了衬托画面大面积的暖色,使用了冷色,零碎或细长形状的冷色平衡了画面视觉,整体色调沉着下来,色温关系更合理。冷色所代表的树林和天空体现了良好的自然环境条件,虽然处于山地地势，但是见缝插针的植物种植以及广阔的天空显得阳产村更加优美。

另外，这幅作品中除了上述两类色彩，还有黑色这一类无情色彩。黑色面积比较小，形态规整。黑色意味着阴影意义，是作者的主观性表达。大多数黑色在屋檐背光面、门窗和屋檐投影区域，平衡其他高明度色彩关系。在近景的黑色区域，作者还使用了高光笔进行勾线，表现瓦垄、屋脊等细节。

二、色块聚散度

这幅作品的色块聚散度分两大部分：土楼群色块和自然环境色块。土楼群色块占画面绝大部分，聚散度非常高且集中。自然环境色块细分在两个区域：一个区域是远景山体，已经做朦胧化处理；另一个区域穿插在土楼群色块中间，聚散度比较低且分散。在这幅作品中，土楼群色块为图，自然环境色块为底。

这幅作品主要表现阳产土楼群题材，周边自然环境没有占到比较大的面积比例。在"图"方面，土楼墙体立面层叠关系鲜明，排列密集，轮廓方正，色彩总体纯度比较低，总体明度比较高；在"底"画方面，自然环境色块没有从属关系，排列松散，轮廓零碎。整体画面各类元素面采用了平行透视关系，表现内容比较单纯，土楼群固有色明暗对比强烈。色块分布呈现大整体、小零碎的状态。作者在三类色块聚散度中选择了强烈对比的方法，即明度对比和色相对比。①明度对比。明度对比的具体体现：无论是单色的明度还是整体画面中所有色彩的总明度，其对比跨度非常大，在9个跨度中至少跨满了5个跨度。为了进一步增强明度对比效果，把高、中、低纯度色块（包括黑色）安排相邻并且密集，尤其是在中景和近景中，黑色运用得比较夸张，形成了以暖色调为主的大跨度明度对比。②色相对比。色相对比的强烈程度与画面中各类色块之间区分程度成正比。这幅作品中的色块数量虽然不多，但是存在一种互补色关系：红色与绿色，并且这种互补色的面积对比、明度对比都比较极端。暖色在画面中占据了大多数面积比例，突出了主色调，冷色成为从色调。绿色、蓝绿色在暖色调中的穿插关系比较明显，通过"块"与"线"之间的视觉平衡达到了强烈的画面和谐感。另外，在土楼屋檐、树林投影区域安排了少许黑色，虽然理论上这种黑色不是客观存在的，但是其能够使其他色块显得更加明亮和统一，增强了色相对比的效果。

三、构图改变

（1）横向轴线。这幅作品有若干横向轴线，其中有一条主轴线。①面积最大的土楼墙体安排在主轴线上，即在画面下方 2/3 横向轴线附近，上下不超过 1/5 幅度，以形成画面主体的稳定感。②把其他土楼放在其他横向轴线，这些横向轴线没有固定的排列顺序，以土楼屋脊线为表达载体，以形成无数个土楼墙体的层叠推进感，淡化空间透视关系。

（2）主观改变。为了保证能够表现出土楼群墙体的"立面高差特征"，这幅作品的虚实关系做出了主观改变：①淡化所有土楼、植物的实际透视关系，几乎不表现透视，纯粹表现块体感觉；②虚化远景的天空和树林区域，把画面两侧树林轮廓和明暗关系进行最大限度的简化；把中景、近景的土楼群的外在轮廓稍微放大，强调各自轮廓色块的边界长度，把复杂内容保留在中、近景区域，即画面下方 2/3 横向轴线附近。

第四节　小结

安徽省歙县深渡镇阳产村的阳产土楼群是徽派建筑的另一支典型流派。阳产土楼通常为方形，同家族之间的土楼可以左右连接，前后之间的土楼利用较大的山体高差现状，在大门亮子与二层窗台之间的墙壁上，从左至右每隔1.5 米设置一根长约 20 厘米的木棍，排列好后成为垂直晒场，可以晾晒谷物，当地人称之为"晒秋"。阳产土楼群的立面色彩源于外墙的材质，从上至下分别是黑灰色小青瓦、红黄色夯土墙体、灰青石墙基，呈现色彩对比强烈的三段式。阳产土楼群虽受制于古时当地有限的经济条件，但由于长期受到徽州文化潜移默化的影响，依然体现出东方建筑美学的高水准。

在色彩和谐方面，整幅画面选择的明度相同，而色相和纯度不尽相同；色相的色彩秩序控制在色相环 180 度角以内，并呈现相等色相梯度秩序。其纯度色彩秩序跨度比较大，呈现相等梯度分布，色彩对比比较强烈，整体色彩纯度渐变关系比较细腻。

在色彩氛围方面，暖色系色彩占有画面绝大部分面积。色块聚散度分为土楼群色块和自然环境色块两部分。土楼群色块聚散度非常高且集中，自然环境色块分散度比较低且分散。在这幅作品中，土楼群色块为图，自然环境色块为底。

第十九章　个案研究：南方各省区
侗寨

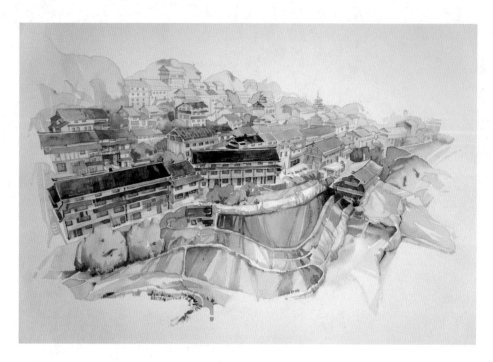

图 19-1　侗寨之一

图 19-2　侗寨之二

图 19-3 侗寨之三

图 19-4 侗寨之四

第一节 建筑色彩和整体概析

一、建筑色彩分析

本章的侗寨虽然处于不同省份，但因源于同一民族而呈现相同的建筑风格和色彩特征。侗寨的色彩风貌主要体现在建筑屋顶、门窗和墙身部位，整体呈现暖色的色彩倾向。①建筑屋顶的主色为无彩度灰色（N）系和蓝色（B）系；明度值分布在 5～9，属于中、低明度区段，呈现弱对比；纯度值集中在 7～9，属于低纯度区段，呈现弱对比。②墙身的主色为红色（R）系，呈现暖色的色彩倾向；明度值分布在 5～9，属于中、低明度区段，呈现强对比；纯度值分布在 7～9，属于低纯度区段，呈现弱对比（表 19-1）。

表19-1 侗寨建筑色彩分析表

	冷暖倾向	色　系	明　度		纯　度	
建筑屋顶	中性、冷色	N、B	强对比	5～9	弱对比	7～9
墙身、门窗	暖色	R	强对比	5～9	弱对比	7～9

二、建筑整体概析

侗族由古代百越的一支分脉发展而来，主要以从事农业为生。目前，侗族主要分布在贵州省、湖南省、广西壮族自治区和湖北省等地，整体呈现大聚居、小分散的格局。虽然居住地不同，但是民族习性、村寨建造技术和理念基本保持一致，因此作者把四个不同省区的侗寨个案研究汇在本章统一阐述。

侗寨通常依山、临河溪而建，寨边有层层的梯田，寨脚有回转的溪河，寨头有密集的树林，自然环境十分宜人。侗族人民的群体意识很强，无论是同族侗寨还是与其他民族杂居的侗寨，侗寨建筑布局规划与外部空间构成方面均保持了高度的统一，即侗寨必有鼓楼，同一个鼓楼代表一个族姓，多姓侗寨的鼓楼可达数个；村口河溪必有风雨桥，大型侗寨的风雨桥可达数个。侗寨民居外观造型较为朴素，但鼓楼和风雨桥的造型丰富多样。侗寨内的戏台和井亭较为普遍，多户人家的木楼通常会连接成排，数排成型散列在山间。这种村寨特点既适应侗族的生活习性，又反映了侗族人民能歌善舞、浪漫活泼的民族性格。

侗寨民居为典型的南方干栏式建筑，以三层居多，有高脚楼、吊脚楼、矮脚楼和平地楼四类。从竖向立面空间看，一层为架空层，通常为畜圈和存放工具空间。二层为会客空间和卧室，三层通常为小辈卧室和粮物储存空间。从横向平面空间来看，空间布置非常灵活，进深通常不大，开间多为二至八间，个别民居会顺地势转折呈现更多的开间，因此寨内民居形式千姿百态、鳞次栉比。屋顶以悬山两坡形制为主，在山墙或正背面按实际需要加设高低长短不等的披檐。从主要建材看，清一色用优质杉木或松木建成。在建造过程中，通常在平地上先树立木柱，然后在木柱上用木料构筑梁架，屋顶上覆茅草、树皮和小青瓦，铺厚实的木板为楼，合板为隔墙。上述四类民居中都有类似的构架体系，即民居梁架通常为用数根主柱和长短不一的瓜柱用穿枋串成排，然后将其数排相竖立，再以穿枋连成骨架而成一主体构架体系，主体构架体系无论规模大小，都不用一钉一铆，结构合理，工艺精湛。

侗寨承载着侗族人民的思想观念、审美情趣和生活习俗，具有重要的历史价值和文化价值。但是，面对商业经济的巨大冲击，目前侗寨的整体保存情况不容乐观，建筑学和艺术学的研究人员应有意识地对其进行传承与保护。

第二节　色彩和谐

图 9-1 至图 9-4 这四幅作品采用了我国南方各地侗寨的风景，三幅是鸟瞰远视角度，一幅是仰视近观角度。拍照时间是南方地区的春末夏初季节，此时正值春暖花开，大自然色彩五彩缤纷，田地、树林等自然环境的色彩比较幼嫩。所用颜料为德国史明克牌大师级固体水彩，包括有暖灰色酒精马克笔和白色水粉颜料，侗寨建筑的屋檐区域使用了樱花牌高光笔进行勾线。纸张为法国康颂牌巴比松 1557，300 克，原纸白色，四开规格，细纹纹理。每幅作品绘制总用时约 3 小时。

一、色彩家族因素分析

这四幅作品的表达主题都是在山体掩映下的侗寨，青山绿水的自然环境对比着以黑褐色为主的侗寨民居建筑群，画面呈现大面积的梯田、山林和屋顶，而墙壁、门窗面积较少，所以整体色彩偏暖色调、冷暖对比强烈、明暗对比温和（图 19-5 ～图 19-8）。在色彩三要素中，这四幅作品选择了每一幅作品纯度基本相同这一项，明度和色相不尽相同。

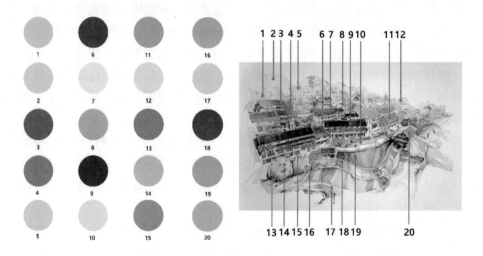

图 19-5、图 19-1 的主要色块分析

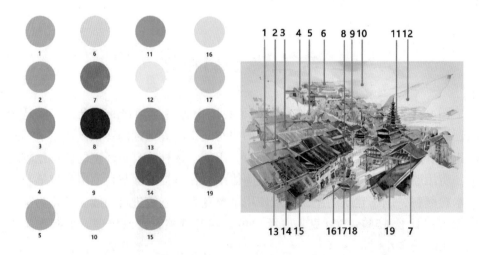

图 19-6、图 19-2 的主要色块分析

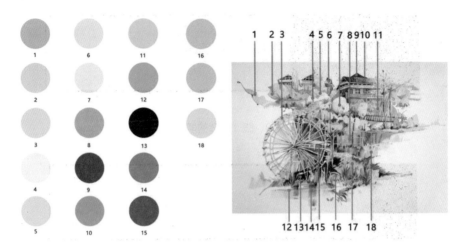

图 19-7、图 19-3 的主要色块分析

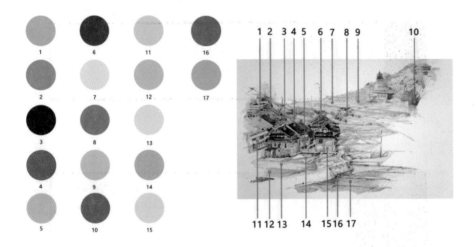

图 19-8、图 19-4 的主要色块分析

这四幅作品的明度对比分别如图 19-9 至图 19-12 所示；主要色块对比分别如图 19-13 至图 19-16 所示。

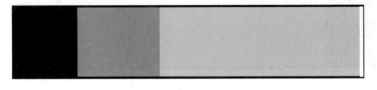

图 19-9、图 19-1 的明度对比

图 19-10、图 19-2 的明度对比

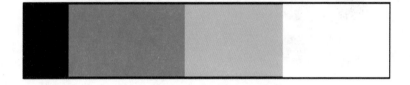

图 19-11、图 19-3 的明度对比

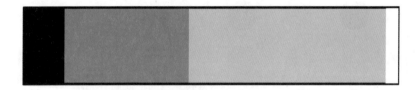

图 19-12、图 19-4 的明度对比

图 19-13、图 19-1 的主要色块对比

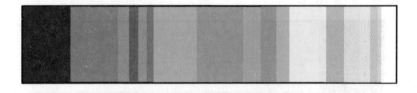

图 19-14、图 19-2 的主要色块对比

图 19-15、图 19-3 的主要色块对比

图 19-16、图 19-4 的主要色块对比

　　这四幅作品中色彩纯度基本相同，建筑和景观的色彩色相比较丰富，大多数色相保持了高纯度状态，尤其是自然环境区域的色彩纯度，靠侗寨所依地势的高低错落和树林田地的排列密度对整体画面进行视觉活化，在高纯度色彩中适当穿插少数低纯度色彩。这四幅作品的明度差异性比较大：在低端明度内，图 19-1、图 19-3 和图 19-4 比较少，占总明度的 10% ～ 20%。图 19-2 比较多，约占总明度的 30%；在中端明度内，图 19-2、19-3 和图 19-4 比较多，占总明度的 25% ～ 30%。图 19-1 比较少，约占总明度的 15%；在高端明度内，图 19-1、图 19-3 和图 19-4 比较多，约占总明度的 60%。图 19-2 比较少，约占总明度的 30%（图 19-9 至图 19-12）。这四幅作品的色相差异性类似，表现在色相跨度 210 ～ 270 度，各自都有至少一种互补色系列，属于非常大的跨度色相阶层，以黄色、橙色和红色为主，加入少许蓝色、紫色，而绿色表现得非常微妙，靠近黄橙红色时以暖绿色为主，靠近紫色时以冷绿色为主（图 19-13 至图 19-16）。

二、色彩秩序原则分析

（一）色相的色彩秩序分析

　　图 19-1 作品选择了在色相环 250 度角内取色，兼具相等色相梯度和类似色相梯度秩序。主色一共有八种：紫红色、红色、橙红色、橙黄色、黄绿色、

绿色、蓝绿色和蓝色。其中包括三种互补色关系：紫红色与绿色、红色与蓝绿色、橙色与蓝色。每种主色间隔距离不相等，分别有间隔一色或者间隔两色的状态，间隔差异比较小。其中，紫红色与红色、橙色与黄绿色之间的间隔距离最大。因此，这幅作品的整体色相跨度非常大，整体色相的色彩秩序比较规整，色相关系平衡，整体画面视觉关系和谐（图 19-17）。

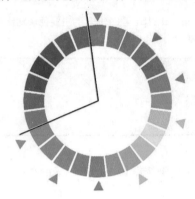

图 19-17、图 19-1 的色相的色彩秩序分析

图 19-2 作品选择了在色相环 270 度角内取色，并作类似色相梯度秩序，每一个色相之间的跨度变化较大。主色一共有八种：紫色、紫红色、橙红色、橙色、橙黄色、绿色、蓝绿色和蓝色。其中包括两种互补色关系：紫红色与绿色、橙色与蓝色。每种主色间隔距离不相等，存在较大差异性，分别有相邻、间隔一色或者间隔四色的状态，其中紫红色与橙红色、橙黄色与绿色之间的间隔距离最大。因此，这幅作品的整体色相跨度非常大，整体色相的色彩秩序不规整，色相关系不平衡，整体画面存在视觉冲突感（图 19-18）。

图 19-18、图 19-2 的色相的色彩秩序分析

　　图 19-3 作品选择了在色相环 210 度角内取色，并作类似色相梯度秩序，每一个色相之间的跨度变化不大。主色一共有八种：橙红色、橙色、黄色、黄绿色、绿色、蓝绿色、蓝色和深蓝色。其中包括一种互补色关系：橙色与蓝色。每种主色间隔距离不相等，分别有相邻或者间隔一色的状态，间隔差异比较小。除了橙红色与橙色相邻之外，其他主色都是间隔一色的状态。因此，这幅作品的整体色相跨度非常大，整体色相的色彩秩序非常规整，色相关系平衡，整体画面视觉关系和谐（图 19-19）。

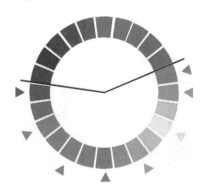

图 19-19、图 19-3 的色相的色彩秩序分析

　　图 19-4 作品选择了在色相环 250 度角内取色，并作相等色相梯度秩序。主色一共有九种：紫蓝色、两种深蓝色、蓝色、蓝绿色、绿色、黄绿色、黄色和橙黄色。其中包括两种互补色关系：紫蓝色与黄绿色、蓝色与橙色。每种主色间隔距离相等，每个主色之间间隔一色。因此，这幅作品的整体色相跨度非常大，整体色相的色彩秩序非常规整，色相关系非常平衡，整体画面视觉关系和谐（图 19-20）。

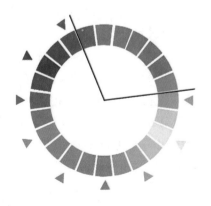

图 19-20、图 19-4 的色相的色彩秩序分析

（二）明度的色彩秩序分析

在图19-1作品中，选取3号色、4号色、6号色、17号色作为分析对象（图19-21）。

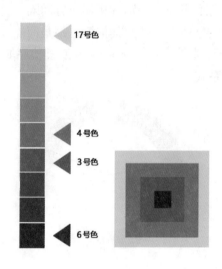

图19-21、图19-1的明度的色彩秩序分析

从图19-21可以看出，图19-1作品的明度色彩秩序跨度非常大，跨满9个跨度，从高明度至低明度排序分别是第1度（17号色）、第5度（4号色）、第5度（3号色）和第9度（6号色），呈现非相等梯度分布，大部分色彩主要集中在中高明度：高端明度与中端明度间隔3个跨度，中端明度与低端明度间隔2个跨度，中端的2个色彩明度相邻。明度的色彩秩序差异：①包含2个极端明度，即第1度和第9度；②明度梯度的差异性比较大；③色彩明度主要集中在中、低明度梯度内。整体上看，画面色彩对比强烈，整体色彩明度渐变关系比较粗放。这种明度对比关系适合在画面中建筑面积与自然环境面积均衡并且鸟瞰广角的角度。

从图19-22可以看出，图19-2作品的明度色彩秩序跨度比较大，在6个跨度以内，从高明度至低明度排序分别是第1度（16号色）、第2度（10号色）、第5度（13号色）和第6度（14号色），呈现相等梯度分布，高端的2个色彩明度相邻，高端与中端明度间隔2个跨度，中端的2个色彩明度相邻。明度的色彩秩序差异如下：①包含1个极端明度，即第1度；②明度梯度的差异性比较大，但是存在一定规律性；③色彩明度主要集中在高、中明度梯度内。所以，画面色彩对比比较强烈，整体色彩明度渐变关系比较细腻。

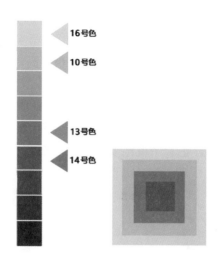

图 19-22、图 19-2 的明度的色彩秩序分析

从图 19-23 可以看出，图 19-3 作品的明度色彩秩序跨度比较大，跨 7 个跨度，从高明度至低明度排序分别是第 1 度（6 号色）、第 4 度（11 号色）和第 7 度（10 号色），呈现相等梯度分布，高端到中端、中端到低端的色彩明度都是间隔 2 个跨度。明度的色彩秩序差异如下：①包含 1 个极端明度，即第 1 度；②明度梯度完全没有差异；③色彩明度在高、中、低明度梯度内都有分布。所以，画面色彩对比比较强烈，整体色彩明度渐变关系比较细腻。

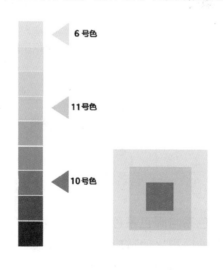

图 19-23、图 19-3 的明度的色彩秩序分析

从图 19-24 可以看出，图 19-4 的明度色彩秩序跨度非常大，跨 8 个跨度，从高明度至低明度排序分别是第 1 度（15 号色）、第 4 度（2 号色）、第 5 度（8 号色）和第 8 度（6 号色）。呈现相等梯度分布，高端与中端明度间隔 2 个跨度，中端两个色相明度相邻，中端与低端明度间隔 2 个跨度。明度的色彩秩序差异如下：①包含 1 个极端明度，即第 1 度；②明度梯度差异性比较大，但是存在一定规律性；③色彩明度在高、中、低明度梯度内都有分布。所以，画面色彩对比比较强烈，整体色彩明度渐变关系比较细腻。

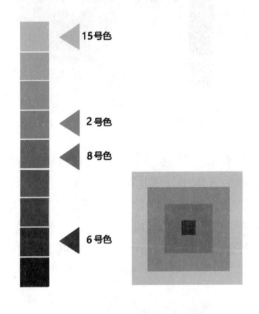

图 19-24、图 19-4 的明度的色彩秩序分析

第三节　色彩氛围

一、面积比例

图 19-1 作品的冷色系与暖色系色彩所占画面面积均衡，没有明显的面积差异（图 19-25）。这种面积比例适应于其明度色彩秩序，冷色系主要集中在远景天空、梯田背光面和近景民居屋顶、投影等区域，暖色系色彩主要集中在梯田受光面、远景民居墙体、门窗等区域。

图 19-25、图 19-1 色彩面积分析

图 19-2 作品的暖色系色彩所占画面面积比例最大，占到整幅画面的 0.8 以上（图 19-26）。这些暖色系色彩对塑造侗寨"烟火气"氛围具有相当大的影响力，主要集中在民居在阳光照射下的受光面色彩关系，以及远景的民居屋顶。远景梯田和天空的冷色系作为暖色系色彩的补充。

图 19-26、图 19-2 色彩面积分析

图 19-3 作品的冷色系与暖色系色彩所占画面面积均衡，没有明显的面积差异（图 19-27）。作者把高纯度、高明度的暖色系色彩主要集中于画面前景

的水车、植物与木板等区域，其余暖色系色彩分布在画面中、远景。冷色系色彩在紧密烘托黄色水车的基础上较均匀地分布在画面其他区域。

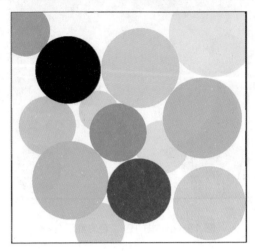

图 19-27、图 19-3 色彩面积分析

图 19-4 作品的暖色系色彩所占画面面积比例最大，占到整幅画面的 70%以上（图 19-28）。暖色系色彩主要集中在中远景梯田与民居墙体、门窗等区域。冷色系色彩主要集中在民居屋顶、远景天空与近景梯田等区域。

图 19-28、图 19-4 色彩面积分析

这四幅画面呈现的色彩饱和度基本相同、明度比较高且差异性比较大。

为了体现侗寨民居的主体性，作者加大侗寨民居、田地和树林的受光背光关系，稍稍提高近景的明度，降低远景天空明度，从而拉大了整幅画面色彩搭配的对比度，远景和近景的空间对比更加强烈；虽然自然环境所占画面比例比较大，但作者把侗寨民居布置在画面中心，并且加强了色彩的对比程度，使侗寨民居与自然环境（如天空、山体、树林）的外轮廓相互呼应，形成了强烈的视觉冲击力。

在色彩个性分析方面，春季五彩缤纷的自然环境与久经岁月历练的侗寨民居各自有鲜明的色彩个性。总体上看，自然环境色彩个性活泼，侗寨民居色彩个性沉稳，两者的色彩并不完全分隔，深受彼此环境色影响。这幅作品中最主要的色彩是暖色、冷色和无情色彩。

（一）暖色（紫红色、红色、橙红色、橙色、橙黄色、黄色、黄绿色）

这四幅作品中的暖色主要分布在自然环境的受光面和背光面区域，以及侗寨民居的受光面区域，分低明度橙色暖色和高明度暖色两大类，其中高明度暖色占更大的比例。画面中暖色出现的原因有两个：第一，自然环境的固有色；第二，侗寨民居受光面区域。

这幅作品中的暖色意味着自然、活泼和暖意等。春季时节，自然环境色彩丰富，整体色彩偏暖，并且呈现生命力蓬勃的状态。侗寨民居的受光面在阳光照射下，木质墙体、门窗、屋檐等原本偏灰色彩就转变为带有暖意的灰色，甚至是单纯的暖色。

（二）冷色（紫蓝色、紫色、绿色、蓝绿色、蓝色、深蓝色）

这幅作品中的冷色主要分布在侗寨民居受光面和背光面区域，以及自然环境的背光面区域，分高明度冷色和低明度冷色两大类，其中高明度冷色占更大的比例。画面中冷色出现的原因有两个：第一，侗寨民居的屋顶、墙体的固有色及投影区域；第二，自然环境的背光面及投影区域。

这幅作品中的冷色意味着自然和沉稳等。侗寨民居多取材于当地建材资源，如杉木、桐木、石灰等，屋檐用小青瓦铺设，屋脊以小青瓦或者石灰、泥塑作为装饰，这些材料本身是冷色或者带有冷色倾向的灰色。在自然光的照射下，树林的背光区域和投影呈现偏蓝紫色的色彩，并且存在一些冷色调的植物，如大花紫薇、三角梅、红枫等。

（三）无情色彩（黑色、白色）

这幅作品中的无情色彩主要是黑色和白色。无情色彩主要分布在投影交界线、室内门窗、屋檐背光区域，以及远景天空区域、画面两侧收口处。在色相环中，无情色彩是不具有具体色相的。在实景中，也没有纯粹的黑色和白色。作者为了突出春季画面的色彩特点，主观加入了黑色和白色，并利用这一对互补色的正负形轮廓来塑造空间的透视感和画面的"透气感"。

二、色块聚散度

这四幅作品的色块聚散度分两大部分：侗寨民居色块和自然环境色块。

在图 19-1 作品中，侗寨民居色块非常集中，分布在画面的左中区域，聚散度很高。自然环境色块在画面上半部分和下半部分，聚散度较低且不集中，以烘托侗寨民居为主要意义。在这幅作品中，侗寨民居色块为图，自然环境色块为底。

在图 19-2 作品中，侗寨民居色块非常集中，分布在画面左、右区域，聚散度很高。自然环境色块在画面上半部分，聚散度很高且非常集中，同样以烘托侗寨民居为主要意义。在这幅作品中，侗寨民居色块为图，自然环境色块为底。

在图 19-3 作品中，侗寨民居色块聚散度很低且不集中，分布在画面左下、右上区域。自然环境色块在画面中部、下半部分，聚散度很高且非常集中，以烘托前景水车为主要意义。在这幅作品中，侗寨民居色块为图，自然环境色块为底。

在图 19-4 作品中，侗寨民居色块聚散度很低且不集中，分布在画面左下、右上区域。自然环境色块聚散度很低且不集中，分布在画面上部、中部、下半部分。在这幅作品中，侗寨民居色块为图，自然环境色块为底。

这幅作品体现的是春季的少数民族村落风景，自然环境保护得比较好，民居特征鲜明、排列紧密（图 19-4）。侗寨民居的建筑构成和色彩并不复杂，大多数色块聚散度没有规律性，主要呈现沿着山地或者梯田竖向方向排列的状态，因地制宜的布局决定了有崎岖蜿蜒的轮廓线，因此这幅作品中色彩与色彩之间边缘的边界数量比较多。作者在三类色块聚散度中选择了强烈色彩对比的方法，前景、中景和远景的对比效果非常清晰。

（1）色温对比。这幅作品同时使用了大面积暖色和小面积冷色调所产生的色块对比。具体而言，暖色调包括树林、田地、侗寨民居受光面等区域的紫红色、红色、橙红色、橙色、橙黄色、黄色和黄绿色；冷色调包括天空区域、屋檐和门窗区域、树林等区域的紫蓝色、紫色、绿色、蓝绿色、蓝色和深蓝色。出于表达春季环境氛围的目的，作者保持了实景中自然环境区域的纯度，局部提亮其明度，同时局部降低自然环境背光面和投影区域的明度。

（2）补色对比。这幅作品最主要使用的是两种补色对比：橙色与蓝色、红色与绿色。这种极端的平衡关系生动地体现了自然环境与侗寨民居的材质色彩观感，也符合"春季"的印象。画面中互补色各自的面积比例几乎相等，只是各自所处区域不同。另外，作者在门窗线、屋脊线、墙体转折等区域利用叠层、投影关系加入了一些无情色彩（黑色、灰色、白色），所以画面中的互补色虽然较多，但是符合画面和谐的要求。

三、构图改变

横向轴线和主观改变：这四幅作品的实景照片构图比较相似，侗寨民居大部分都是在照片下 1/3 横向轴线左右。针对不同的表现目的，作者就横向轴线和正负形两方面做出了主观性改变，但是针对实际情况，每一幅作品中横向轴线位置的选择各不相同。

图 19-1 作品把重点侗寨民居放在画面 1/2 横向轴线附近，上下不超过 1/5 幅度。近景的大部分区域是梯田，形成了侗寨民居与蜿蜒梯田的视觉冲击力，造就了侗寨民居的"正形"与梯田的"负形"对比。

图 19-2 作品把重点侗寨民居放在画面下 3/4 横向轴线附近，上下不超过 1/5 幅度。侗寨地标性建筑——鼓楼放在远景，与近景的重点侗寨民居形成透视视觉导向。在重点侗寨民居的上方有一块刻意留白形成"负形"的山体轮廓，这不仅是为了与画面右侧的山体形成呼应，还为了衬托大面积低明度、低纯度的侗寨民居色彩。

图 19-3 作品把重点侗寨民居放在画面上 1/4 横向轴线附近，上下不超过 1/5 幅度。把圆形水车放在近景，并且尽力拉大其直径，扩大其视觉范围。同时，水车左右两侧的树林区域刻意留白形成"负形"，使其衬托浅色调的水车轮廓，从而把视觉导向上方的侗寨民居。

图 19-4 作品把重点侗寨民居放在画面 1/2 横向轴线附近，上下不超过 1/4 幅度。画面左右两侧的侗寨民居具有远近景呼应关系：以画面左侧的侗寨民居为表现重点，用画面右侧的侗寨民居来保持画面视觉平衡，左右两侧侗寨民居之间的距离刻意拉宽，形成正负形的"空白感"，同时使用梯田的层层轮廓连接左右两侧的侗寨民居，梯田的部分区域刻意留白形成"负形"，与梯田其他区域形成对比。

第四节 小结

侗族是我国一个擅长歌舞、精于建造、天性浪漫的古老少数民族，其民族性格深深投射于其建造艺术。侗寨通常由寨门、鼓楼、风雨桥、井亭、戏台和民居等组成。寨门以独立设置为常见，也可见与风雨桥相结合。鼓楼是族姓的象征，是侗寨重要的聚集议事及娱乐的场所。侗寨民居通常连接成排，并散落在梯田山间，民居是二层或三层的干栏建筑，有高脚楼、吊脚楼、矮脚楼和平地楼四类。无论哪一类民居，其空间布置非常灵活，顺应山势而设。屋顶以悬山两坡形制为主，在山墙或正背面按实际需要加设高低长短不等的披檐。从主要建材看，清一色用优质杉木或松木建成。侗寨建筑构架仅用榫卯结合的梁柱体系以连成整体，工艺精湛。

在色彩和谐方面，这四幅作品的画面选择的纯度基本相同，而色相和明度不尽相同；色相的色彩秩序分别在色相环250度、270度、210度、250度角以内，相等色相梯度秩序与类似色相梯度秩序兼有。这四幅作品的明度色彩秩序跨度差异比较大，整体色彩明度渐变关系差异也比较大。

在色彩氛围方面，这四幅作品的暖色系占有画面大部分面积，以图19-2最为突出，主要集中在民居墙体、门窗与梯田等区域。色块聚散度分为两大部分：侗寨民居色块和自然环境色块。因创作目的不同，这四幅作品的两大色块聚散度并不统一，但都是以侗寨民居色块为图，自然环境色块为底。

第二十章　个案研究：广西壮族自治区南宁市五象新区建筑群夜景

（a）

（b）

图 20-1　五象新区建筑群夜景

第一节　建筑色彩和整体概析

一、建筑色彩分析

南宁市五象新区商业建筑群是当地城市夜景的代表之一，充满着城市商业特色。五象新区商业建筑群的色彩风貌主要体现在灯光照明环境下的墙身部位，整体呈现冷色为主、暖色为辅的色彩倾向。①冷色建筑群的主色为蓝色（B）系，呈现冷色的色彩倾向；明度值分布为 1 ～ 9，属于全跨度明度区段，呈现强对比；纯度值集中在 1 ～ 5，属于高、高中纯度区段，呈现中对比。②暖色建筑群的主色为红色（R）系，呈现暖色的色彩倾向；明度值分布在 3 ～ 7，属于高、中、中低明度区段，呈现强对比；纯度值分布在 1 ～ 3，属于高纯度区段，呈现弱对比（表20-1）。

表20-1　五象新区商业建筑群色彩分析

	冷暖倾向	色　系	明　度		纯　度	
冷色建筑	冷色	B	强对比	1 ～ 9	中对比	1 ～ 5
暖色建筑	暖色	R	强对比	3 ～ 7	弱对比	1 ～ 3

二、建筑整体概析

改革开放以来，我国经济快速发展，建筑设计领域也进入了新发展阶段，并直接影响了商业建筑的更新换代。商业活动的变化对建筑设计与城市规划提出了新的需求，商业建筑从单一的购物功能逐渐转变成涵盖购物、餐饮、文体、会议、培训与酒店等，形成了全业态的生活服务空间。其以立体化形式综合利用建筑内部空间，将各种社会活动有机组合在一起，成为一种当代城市生活的全新亮点，也成为展示城市形象的重要媒介之一，对塑造城市名片、发展区域经济具有重要意义。因此，作者选择了一张具有普遍形象意义的城市商业建筑群来表现南方建筑的发展新貌，意在重点表达商业建筑的立面设计美学。

商业建筑受众多因素影响，其中环境、功能及技术是三个基本原因。首先，商业建筑作为当地城市形象组成的一部分，受到外在环境的限制，应该尊重外在环境并与之协调，其立面设计的表达更需要与周围环境互相成全。其次，功能在一定程度上限制了商业建筑立面设计，不同商业建筑因为区位、定位和资源的差异而各有侧重点，在立面设计中既要遵循建筑内部空间的功能需求，又要兼顾立面造型的隐喻化表达，从而完成对建筑特质的信息传达。最后，建筑设计的表达离不开技术支持，采用新型的建筑材料和施工技术，最能够体现时代性与话题性。近十年来，国家和地方对节能环保方面的相关规定也是促成商业建筑立面设计发展的原因之一。

这幅作品中的商业建筑以复杂受力结构为基础，在内部结构之上再安装各种饰面材料，并在局部外露出精巧的建筑结构，如钢结构、膜结构等。立面造型设计主要采用规则的直线设计，大面积玻璃幕墙形成层叠的线条，消减了大型建筑的体量感，呈现虚实结合状态，水平向线条与塔楼群竖向线条产生了强烈的视觉冲击。另外，通过灯光照明系统加强视觉效果、丰富视觉表达，有效突出了商业建筑所蕴含的消费文化和城市氛围。

林立的商业建筑群在周边不规则夕阳、晚霞的烘托下为城市商业氛围注入了时尚活力。这种立面设计往往追求的是商业建筑的立面群体性，创造出宏观密集的视觉状态，并以城市最高、最大以及形体切削劈剁为典型，以出奇制胜为设计亮点，塑造立面形态的记忆点，成为城市规划的闪光之处。

第二节　色彩和谐

图 20-1 这幅作品采用了南宁市五象新区中常见的商业建筑夜景，采用了画面中心一点透视与画面左右两侧平行透视相结合的方式，局部区域采用平面化处理方式。所用颜料为德国史明克牌大师级固体水彩，还有黑色酒精马克笔、白色水粉颜料、辉柏嘉牌白色和黄色水溶性彩色铅笔，玻璃幕墙区域使用了樱花牌高光笔进行勾线。纸张为中国宝虹牌水彩纸，300 克，中白色，四开规格，中粗纹纹理。每幅作品绘制总用时约 4 小时。

一、色彩家族因素分析

这幅作品的表达主题是城市商业建筑群在黄昏时分的夜景环境（图 20-2）。商业建筑通常采用玻璃幕墙外立面，以及直线设计造型。这个时间里的商业建筑群，其内部空间灯火通明、广告灯牌林立，在玻璃幕墙立面的映射下显得建筑体量通透轻盈、彼此和谐。夜景天空在夕阳的照射下总体呈现紫红色系与蓝黑色系穿插的状态，越靠近地平线的天空区域的色彩越偏暖。在天空的影响下，商业建筑群的固有色呈现同色系的蓝黑色系色彩，同时存在少量紫红色与橘黄色系暖色。

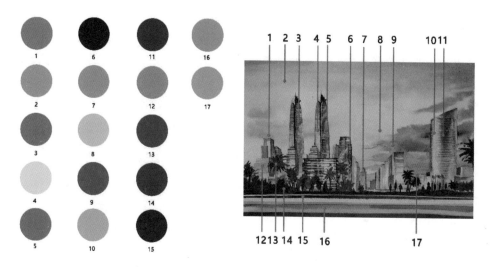

图 20-2　主要色块分析

　　画面近景区域是城市景观绿化带和机动车行道，作者对此区域色彩和形象进行了扁平化处理，以衬托画面中远景区域的复杂形态。城市景观绿化带作为商业建筑群与机动车行道之间的过渡区域，采用蓝绿色系的冷色，仅做纯度差异处理。机动车行道采用黄褐色系色彩，以表达车辆和道路的照明环境。

　　这幅作品整体色彩偏冷色调，明暗对比和冷暖对比强烈（图 20-2、图 20-3）。在色彩三要素中，这幅作品选择了纯度基本相同这一项，明度和色相不尽相同。

图 20-3　明度对比

图20-4　主要色块对比

　　这幅作品中色彩纯度基本相同。因为是夜景，所以以低纯度为基调，大多数色相保持了低纯度状态，尤其是商业建筑和远景天空区域的色彩纯度，靠天空云彩态势和建筑灯光对整体画面进行视觉活化，形成视觉导向，在低纯度色彩中适当穿插少数高纯度色彩，如黄色和橙色。这幅作品的明度差异性比较大，几乎跨满所有跨度，尤其是室内灯光与室外黑夜的明度对比非常鲜明。这幅作品的色相差异性比较大，表现在色相跨度210度之间，属于比较大跨度的色相阶层。

二、色彩秩序原则分析

（一）色相的色彩秩序分析

　　这幅作品选择了在色相环210度角内取色，并作类似色相梯度秩序。主色一共有六种：橙色、紫红色、蓝紫色、深蓝色、蓝色和蓝绿色。其中，包括一种互补色关系：橙色与深蓝色；一种对比色关系：紫红色与蓝绿色。每种主色间隔距离不相等，分别有间隔一色、间隔三色或者间隔五色的状态，间隔差异比较大。其中，紫红色与橙色之间的间隔距离最大。因此，这幅作品的整体色相跨度比较大，色彩秩序不规整，色相关系不太平衡，整体画面具有强烈的视觉冲突性。

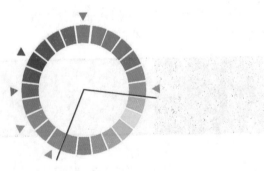

图20-5　色相的色彩秩序分析

（二）明度的色彩秩序分析

因为这幅作品以冷色系色彩为主，本节仅从这幅作品中选取 2 号色、4 号色、5 号色、6 号色、19 号色、17 号色为例作为分析对象（图 20-6）。

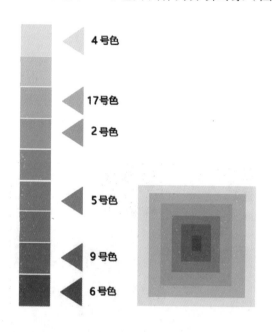

图 20-6　明度的色彩秩序分析

从图 20-6 中可以看出，这幅作品的明度色彩秩序跨度非常大，跨满 9 个跨度，从高明度至低明度排序分别是第 1 度（4 号色）、第 3 度（17 号色）、第 4 度（2 号色）、第 6 度（5 号色）、第 8 度（9 号色）和第 9 度（6 号色），呈现相等梯度分布。除了两对彼此相邻的色彩明度之外，其余色彩明度都间隔 1 个跨度。明度的色彩秩序差异如下：①包含 2 个极端明度，即第 1 度和第 9 度；②明度梯度的差异性比较小；③色彩明度主要集中在中、低明度梯度内。所以，画面色彩对比强烈，整体色彩明度渐变关系比较细腻。

第三节 色彩氛围

一、面积比例

这幅作品的冷色系色彩所占画面面积比例最大，占到整幅画面的 80% 以上。这些色彩对整体画面氛围具有相当大的影响力，体现了商业建筑群在夜景天空投射下的复杂色彩关系（图 20-7）。近景的暖色系色彩作为中远景的冷色系色彩的补充。

图 20-7 色彩面积分析

这幅作品的画面呈现的色彩饱和度相同，明度差异性比较大，为了体现城市夜景的特性，作者加大了建筑室内外灯光、道路照明与自然环境的明度对比关系。虽然远景天空所占画面比例比较大，但是为了表达商业建筑群的主体性，作者把商业建筑群布置在画面中心横向轴线附近，简化景观植物轮廓、平面化道路车流及照明，并且把天空云彩的走向态势向一点透视的灭点区域靠拢，商业建筑群与云彩态势相互呼应，从而使整幅画面形成强烈的反差，具有强烈的视觉冲击力。

在色彩个性分析方面，商业建筑群的色彩个性总体是比较高调通透的，城市夜景的天空色彩个性比较绚烂、对比性强，画面前景中景观植物的色彩个性比较低调内敛，道路照明及车流的色彩个性与城市建筑群的色彩个性比较相似。这幅作品中最主要的色彩是橙色、紫红色、蓝紫色、深蓝色、蓝色、蓝绿色和白色。

（一）橙色和白色

这幅作品中的橙色和白色主要分布在商业建筑群、天空下半区域和近景道路区域，分低明度和高明度两大类，其中高明度占更大的比例。画面中橙色和白色出现的原因有两个：第一，灯光照明的色彩；第二，自然照明的色彩。

这幅作品中的橙色和白色都意味着光明和温暖等意义。黄昏夜景时分，天空色彩层次分明，在天空与地面交界处往往呈现日落暖色，如画面中的橙色，而建筑室内也开始逐渐亮灯，照明色温多半为橙黄色或者白色。这些自然光源和人工光源交辉错映，代表着城市的人气和商业氛围。

（二）紫红色、蓝紫色、深蓝色、蓝色和蓝绿色

这幅作品中的紫红色、蓝紫色、深蓝色、蓝色和蓝绿色，主要分布在天空上半部分、植物景观和商业建筑玻璃幕墙区域等，分高明度和低明度两大类，其中高明度冷色占更多比例。画面中这些颜色出现的原因有两个：第一，夜景天空固有色和商业建筑玻璃幕墙环境色；第二，植物景观色彩，带有作者的主观意图。

这幅作品中的紫红色、蓝紫色、深蓝色、蓝色和蓝绿色意味着自然、沉稳和对比等。夜景的天空本身存在着与橙色相对的紫色、蓝色系列色彩，而这些色彩投射到建筑玻璃幕墙表面形成环境色。水彩本身的色彩覆盖力比较弱，色相表现力并不十分突出，为了表达出夜景中灯火通明的感觉，就只能靠大量的重色来衬托浅色，低明度的深蓝色、蓝色和蓝绿色能很好地衬托出橙色和白色的通透明亮，形成颜色反差和明度对比。

（三）黑色

这幅作品中的黑色主要分布在灯光与投影的交界线区域，以及植物景观投影区域。黑色所占画面比例非常少，但是非常重要。虽然在实景中没有纯粹的黑色，但是作者为了突出灯光特点，主观加入了黑色，以及利用黑色与白色这一对互补色的正负形轮廓来塑造商业建筑群在夜景中的通透视觉感。

二、色块聚散度

这幅作品的色块聚散度分两大部分：商业建筑群色块和自然环境色块。

商业建筑群色块所在占画面中心部分，聚散度非常高且集中。自然环境色块在画面上部、下半部分，聚散度比较低且分散，起到商业建筑群的氛围烘托作用。在这幅作品中，商业建筑群色块为图，自然环境色块为底。

这幅作品体现的是城市夜景时分，表现主体是玻璃幕墙建筑群，商业建筑轮廓特征鲜明、排列紧密、透视集中。商业建筑构成和色彩并不复杂，大多数色块聚散度存在明显的规律性，沿着一点透视的灭点和透视线进行聚散，着重表现中景建筑群，适当虚化近景道路和远景天空。这幅作品中，色彩与色彩之间边缘的边界数量比较少，所以作者在三类色块聚散度中选择了强烈色彩对比的方法，前景、中景和远景的对比效果非常清晰。

（1）色温对比。这幅作品同时使用了大面积冷色、小面积暖色调和点缀性无情色彩所产生的色块对比。其中，暖色调包括天空、建筑群受光面、建筑灯光、马路照明等区域的橙色；冷色调包括天空、植物景观、建筑群玻璃幕墙等区域的紫红色、蓝紫色、深蓝色、蓝色和蓝绿色。出于表达城市夜景氛围的目的，作者加大了建筑群灯光的白色和黄色区域面积。

（2）补色对比。这幅作品使用了一种补色对比：橙色与深蓝色；一种对比色关系：紫红色与蓝绿色。这两种色彩冲突符合城市夜景的色彩特征，生动体现了自然环境（如天空、景观）与商业建筑群的玻璃幕墙材质的色彩观感。画面中这四种色彩各自占据的面积比例相差比较大：补色对比中，深蓝色的面积稍多；对比色关系中，蓝绿色的面积稍大。作者利用零碎密集的色彩边界来细碎分割这些互补色、对比色区域，平衡了这些色彩关系。另外，作者在商业建筑边线、前景树林及投影、建筑室内灯光分界等区域加入了黑色，在灯光极度集中区域加入了高光——白色。所以，画面中的互补色和对比色比较多，形成了强烈的视觉冲击力。

三、构图改变

这幅作品采用一点透视形式，着重表现的是商业建筑群的林立感与城市商业氛围。所以，作者对商业建筑群做出了非常细致的细节刻画，尤其是第一排商业建筑群，后排建筑群逐步虚化，与远景天空形成一定的融入感。与此形成对比的是，近景内容做扁平化处理和剪影式处理。

（1）横向轴线。这幅作品采用横向轴线构图形式。画面从上至下分别如下：天空位置约占满从左至右的上方 2/4 部分；商业建筑群位置约占满从左至右的中间 1/4 部分；景观绿化带与机动车行道位置约占满下方 1/4 部分。作者把更具研究亮点的商业建筑上半部分外轮廓放在横向轴线的上方 1/4 部分，与远景天空云彩直接相邻，利用画面中两条视觉导向线形成了稳定的平衡关系。

（2）主观改变。为了保证表现夜景氛围和视觉平衡，这幅作品的构图做出了主观改变：在商业建筑群的一点透视关系基础上，画面左右两侧的建筑群采用平行透视关系，巩固视觉上的建筑牢固稳定感；改变远景天空云彩的走势，使其趋于剧烈曲折，导向中心建筑群；把近景道路的照明灯光、车流和各种配景元素平面化，形成数条单纯色相、宽窄不一的水平线，以衬托中景和远景复杂的表现主题。

第四节　小结

城市商业建筑群是当代城市中的亮点，常常成为当代经典建筑代表。因此，作者选取了这个题材进行创作。商业建筑设计主要受到环境、功能及技术三个基本原因的影响。首先，商业建筑群受到外在环境的限制，应该尊重外在环境，并与之协调；其次，功能在一定程度上限制了商业建筑立面设计，商业建筑立面设计既要满足建筑内部空间的功能需求，又要兼顾立面造型的隐喻化表达；最后，新型的建筑材料和施工技术能支持商业建筑的时代性与话题性等特征表达。夜景下的商业建筑群不仅要表达立面造型特征，还要体现灯光照明系统的作用，加强画面视觉冲击力，突出商业建筑题材所蕴含的消费文化和城市氛围。

在色彩和谐方面，整幅画面色彩偏冷，选择的纯度基本相同，而色相和明度不尽相同；色相的色彩秩序控制在色相环210度角以内，并呈现类似色相梯度秩序。其明度色彩秩序跨度非常大，呈现相等梯度分布，画面色彩对比强烈，整体色彩明度渐变关系比较细腻。

在色彩氛围方面，冷色调色彩占据画面大部分面积。色块聚散度分为商业建筑群色块和自然环境色块。商业建筑群色块聚散度非常高且集中，自然环境色块聚散度比较低且分散。在这幅作品中，商业建筑群色块为图，自然环境色块为底。构图采用一点透视形式，并做出构图改变，整体采用横向轴线构图形式。

第二十一章 个案研究：广西壮族自治区南宁市东盟商务区建筑群

（a）

（b）

图 21-1 东盟商务区建筑群

第一节　建筑色彩和整体概析

一、建筑色彩分析

广西壮族自治区南宁市东盟商务区建筑群的色彩风貌主要体现在建筑的屋顶和墙身部位，整体呈现冷色的色彩倾向。根据建筑实用功能不同，可分为商业建筑和居住建筑两种类型。①冷色建筑群的主色为蓝色（B）系和绿色（G）系，呈现冷色的色彩倾向；明度值分布在 3～9，属于高中、中、低明度区段，呈现强对比；纯度值集中在 7～9，属于低纯度区段，呈现弱对比。②居住建筑的主色为红色（R）系，呈现暖色的色彩倾向；明度值分布在 3～8，属于高、中、低明度区段，呈现强对比；纯度值分布在 1～3，属于高纯度区段，呈现弱对比（表21–1）。

表21–1　东盟商务区建筑群建筑色彩分析

	冷暖倾向	色　系	明　度		纯　度	
商业建筑	冷色	B、G	强对比	3～9	弱对比	7～9
居住建筑	暖色	R	强对比	3～8	弱对比	1～3

二、建筑整体概析

这幅作品表现的主题是广西壮族自治区首府南宁市青秀区东盟商务区建筑群。广西是目前中国人口最多的少数民族自治区，南宁市是我国唯一一个与东盟国家海陆相接的省区首府，也是中国—东盟博览会与中国—东盟商务与投资峰会的永久举办地，南宁市在推进中国—东盟自由贸易区建设过程中发挥了重要作用。作为南宁市经济活动频繁和发达的区域之一，东盟商务区打造相应的中央商务区，以更好地服务东盟，彰显了新时期的城市风貌。

中央商务区指的是城市经济活动的核心地区，其经济活动以商务办公、销售展示为主。通常中央商务区具有以下三个空间特征：①城市商业建筑最为集中，建筑高度高；②人口和就业密度双高，土地价格最为昂贵；③城市公共交通和私人交通最为集中。

东盟商务区以国际会展中心为核心，涵盖周边华润中心、天健商务大厦、北部湾大厦、青秀路商业区、石门森林公园和青秀山旅游区等重要城市空间，是一个具有商业服务、娱乐休闲、国际交流、高端生活功能的城市核心区。近年来，东盟商务区的商业氛围逐渐攀升，逐渐确立了南宁市乃至广西的国际商务核心区的地位。东盟商务区的建设采用了"统一编制规划、整体建设开发"的建设模式，特别强调地块之间的连通性，在各个地块之间形成了以建筑中轴线、下沉式广场、地下街道和地下通道为主体的互联互通综合空间系统。从长期建设进程来看，东盟商务区的发展一直是动态的，具有历史典型性，而作为东盟商务区的重要元素之一的建筑也就成为其发展过程的成果代表。

东盟商务区的建筑包括有很多的地下类空间。一方面，地下建筑空间具有建筑耗能方面的先天优势，可以保持地下建筑物温度恒定和舒适，从而减少相关耗能；另一方面，相对封闭的空间会影响人对建筑空间的心理体验。所以，这里的建筑在光环境、通风除湿、交通导向等方面设计得比较合理，符合人们的心理预期。在光环境方面，建筑中采用主动式和被动式两种方式。主动式包括通过光纤管或玻璃质反射引入自然光，被动式包括设置一定的负空间以利于采光。在通风除湿方面，建筑中采用机械方式增强建筑内部通风，并且引入下层广场和天井等负空间来增强自然通风。在交通导向方面，建筑中利用下沉空间实现地上、地下统一协调、自然过渡，提供标志性的公共交通导向功能，这些开放空间往往成为建筑空间网络的重要节点，同时通过提供日常餐饮、主题文艺活动、便捷通道等功能聚集了大量人气和活力。

目前来看，东盟商务区在各个地块和建筑空间呈现比较好且各具特色的建设效果，其规划建设的一系列思路和方法可以为南宁市乃至广西未来商务区的开发提供宝贵经验和良好示范。

第二节　色彩和谐

图21-1这幅作品采用了广西壮族自治区首府南宁市青秀区东盟商务区的鸟瞰角度，拍摄时间是春季清晨时分，远景的公园山林中弥漫着沉沉雾气。所用颜料为德国史明克牌大师级固体水彩，还包括黑色和冷灰色酒精马克笔、德国辉柏嘉牌白色水溶性彩铅，玻璃幕墙区域使用了樱花牌高光笔进行勾线，绘

制高层建筑轮廓时使用了美纹纸。纸张为中国宝虹牌水彩纸，300 克，中白色，四开规格，细纹纹理。每幅作品绘制总用时约 4 小时 30 分钟。

一、色彩家族因素分析

这幅作品的表达主题是商务区街景，以商业建筑群为主，配合清晨中雾气、云彩弥漫的自然环境，没有强烈的日照条件。城市道路布置规整，商业建筑布局密集，有若干座超高层建筑，这类建筑通常采用玻璃幕墙外立面，以及几何造型的外轮廓。这个时间里的商务区还未达到最大限度的工作繁忙状态，显示着商务氛围中难得的宁静。因为绘画角度是航空拍摄所得，建筑的三点透视关系非常明确，尤其是上大下小的特征非常明显。这幅作品主要由森林、天空、玻璃幕墙建筑、城市景观、城市道路等组成，总体呈现以冷色调为主、少量暖色调穿插的状态。在商业元素如广告、灯光的影响下，体块越大的建筑群越容易受到周边建筑色彩的影响，彼此的环境色特征比较明显。在画面中心的几座超高层建筑上方，穿插着天空云团。

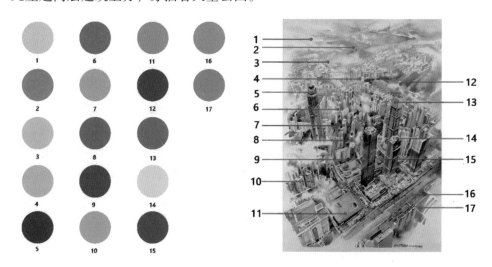

图 21-2 主要色块分析

画面近景区域是建筑、城市景观绿化带和机动车行道，作者对此区域色彩和形象做扁平化处理，以衬托画面中景区域的复杂形态。画面中景是商业建筑群、城市道路和景观，细节刻画非常细致，是最重要的画面表达区域。画面远景是森林公园和邕江江景，被大量雾气缭绕，所以用湿画法和主观留白的方式做虚化处理，以衬托中景的细节。

这幅作品整体色彩偏冷色调，明暗对比比较弱（图21-3），冷暖对比比较强烈，主要色块对比如图21-4所示。在色彩三要素中，这幅作品选择了纯度基本相同这一项，明度和色相不尽相同。

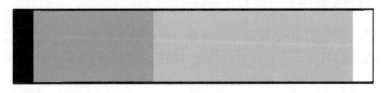

图21-3　明度对比

图21-4　主要色块对比

这幅作品中的色彩纯度基本相同。由于清晨日景、缺少强烈日照等原因，这幅作品以低纯度为基调，大多数色相保持了低纯度状态，尤其是远景区域和近景区域的色彩纯度，密密麻麻的远景树林、建筑的色彩纯度保持相对的一致性，近景建筑的色彩纯度与城市道路的色彩纯度保持相对的一致性。同时，在大量低纯度色彩中适当穿插极少数高纯度色彩，如橙色。这幅作品的明度差异性比较大，几乎跨满所有跨度，尤其是建筑受光面的高光与窗户室内侧面的明度对比非常鲜明。这幅作品的色相差异性比较大，表现在色相跨度在230度之间，属于非常大跨度的色相阶层。

二、色彩秩序原则分析

（一）色相的色彩秩序分析

这幅作品选择了在色相环230度角内取色，并作类似色相梯度秩序。主色一共有六种：橙色、深红色、蓝紫色、深蓝色、蓝绿色和绿蓝色。其中包括两种互补色关系：橙色与深蓝色、深红色与绿蓝色。大多数主色聚集在冷色调区域。每种主色间隔距离不相等，分别有相邻、间隔三色、间隔四色或者间隔五色的状态，间隔差异比较大。其中，深红色与橙色之间的间隔距离最大。因此，这幅作品的整体色相跨度比较大，整体色相的色彩秩序不规整，色相关系不太平衡，整体画面具有强烈的视觉冲突性（图 21-5）。

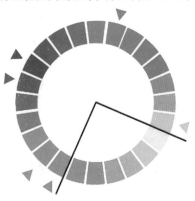

图 21-5 色相的色彩秩序分析

（二）明度的色彩秩序分析

因为这幅作品以冷色调色彩为主，本节仅从这幅作品中选取 1 号色、5 号色、6 号色、12 号色、13 号色为例作为分析对象（图 21-6）。

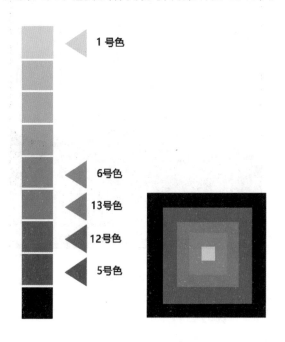

图 21-6 明度的色彩秩序分析

从图 21-6 可以看出，这幅作品的明度色彩秩序跨度非常大，在 9 个跨度中跨满 8 个跨度，从高明度至低明度排序分别是第 1 度（1 号色）、第 5 度（6 号色）、第 6 度（13 号色）、第 7 度（12 号色）和第 8 度（5 号色），呈现非相等梯度分布。高端明度与中端明度之间相隔三个跨度，其余色彩明度彼此相邻。明度的色彩秩序差异如下：①包含 1 个极端明度，即第 1 度；②明度梯度的差异性比较大；③色彩明度主要集中在中、低明度梯度内。所以，画面色彩对比强烈，整体色彩明度渐变关系比较细腻。

第三节 色彩氛围

一、面积比例

这幅作品的冷色调色彩所占画面面积比例最大，占到整幅画面的 70% 以上（图 21-7）。这些色彩对整体画面氛围具有相当大的影响力，体现了树林景观、商业建筑群和城市道路等元素在清晨时分的清冷氛围。

图 21-7 色彩面积分析

这幅作品的画面呈现的色彩饱和度相同、明度差异性比较大，为了体现城市空间体块关系，作者加大了建筑、道路照明与自然环境的明度对比关系。

虽然远景树林和天空所占画面比例比较大，但是为了表达商业建筑群的主体性，作者把商业建筑群布置在画面中心横向轴线附近，并且稍微扩大了其面积比例，简化了近景建筑的轮廓和装饰细节。商业建筑群与云彩态势相互穿插，从而使整幅画面存在"透气感"，画面节奏张弛有度。

在色彩个性分析方面，这幅作品中的商业建筑群的色彩个性总体是比较高调通透的，而且受到了天空、周边建筑的环境色的明显影响。这幅作品中最主要的色彩是橙色、深红色、蓝紫色、深蓝色、蓝绿色、绿蓝色和白色。

（一）橙色

这幅作品中的橙色主要分布在建筑和道路的受光面区域，以及固有色是橙黄色的建筑区域，分低明度橙色和高明度橙色两大类，其中高明度橙色占更多比例。画面中橙色出现的原因有两个：第一，日照条件下的受光面色彩；第二，固有色是橙色的建筑。

这幅作品中的橙色意味着光明和调和等意义。清晨日出时分，日照条件微妙，有阳光但并不强烈，建筑、道路和树林的受光块面关系并不分明，整体呈现柔和、混沌的状态。另外，在这幅作品中，冷色调占主要面积比例，橙色成为为数不多的调和意义上的暖色调，主要调和画面的冷暖关系和视觉平衡。

（二）深红色、深蓝色和蓝绿色

这幅作品中的深红色、深蓝色和蓝绿色主要分布在建筑玻璃幕墙和远景天空区域等，分高明度和低明度两大类，其中低明度占更大的比例。在这幅作品中，深红色、深蓝色和蓝绿色大多数并不是事物的固有色，属于事物的环境色，受到周边环境事物的色彩影响。

这幅作品中的深红色、深蓝色和蓝绿色意味着相互关系和自我表现等。在这幅作品中，建筑以玻璃幕墙材质为主，玻璃幕墙受到周边环境中的灯光红色（深红色）、天空蓝色（深蓝色）、树林景观和阳光黄色（蓝绿色）的相互影响，在自身中呈现不同的色彩投射反映，表现出稍微不同的色彩。这些环境色是客观存在的，准确表达环境色是表现建筑空间真实感的重要方式。

（三）蓝紫色

这幅作品中的蓝紫色主要分布在建筑背光面及投影区域，分低纯度蓝紫色和高纯度蓝紫色两大类，其中高纯度蓝紫色占更大的比例。画面中蓝紫色出现的原因有两个：第一，日照条件下的建筑背光面色彩，这一点在玻璃幕墙区域表现得尤其明显；第二，日照条件下的投影色彩。

这幅作品中的蓝紫色意味着沉稳、阴暗和对比等。在阳光照射下，玻璃幕墙建筑的背光面呈现更为沉稳的冷色调，并且带有紫色倾向。通常，这个区域的蓝紫色纯度不高，仅表达出与建筑受光面的对比即可。高纯度蓝紫色更多地是表达在投影区域，无论是建筑还是景观，其投影都是表达空间块面关系的重点，只有投影的阴暗才能对比高光面、受光面的明亮。

（四）绿蓝色

这幅作品中的绿蓝色主要分布在景观和森林的背光面区域，分低明度绿蓝色和高明度绿蓝色两大类，其中高明度绿蓝色占更大的比例。画面中绿蓝色出现的原因是景观森林等以绿色为固有色的事物的背光面色彩。

这幅作品中的绿蓝色意味着自然和呼应等。东盟商务区的自然环境非常优越，在这幅作品中有接近一半的画面区域都是自然环境，无论是远景的森林公园、邕江江景，还是中近景的城市景观，表达好这些事物的块面关系的最重要的方式是表达其背光面的绿色系色彩，即在日照条件下呈现的绿蓝色。另外，绿蓝色还是对建筑群中蓝色的积极呼应、远景与中景的呼应，构成了画面视觉的和谐关系。

（五）白色

这幅作品中的白色主要分布在天空云彩和建筑高光区域，分低纯度白色和纯白色两大类，其中纯白色占更大的比例。画面中白色出现的原因有两个：第一，云彩固有色；第二，建筑中带有环境色倾向的高光。

这幅作品中的白色意味着透气感和对比等意义。这幅作品以超高层建筑为表现重点，其三点透视关系非常明显，天空云彩的出现提示建筑的高度和透视特征，与远景的低矮建筑群形成对比。另外，这幅作品中排列着密度非常高、纯度比较高、明度比较低的色块，利用白色的云彩和建筑高光在这些色块中留出空白，形成画面"透气感"，能够实现有节奏的画面色块对比。

二、色块聚散度

这幅作品的色块聚散度分两大部分：建筑群色块和自然环境色块。建筑群色块所在占画面中心部分，聚散度非常高且集中。自然环境色块在画面上、中、下半部分，聚散度比较低且分散，起到建筑群和道路景观元素的氛围烘托作用。在这幅作品中，商业建筑群色块为图，自然环境色块为底。

　　这幅作品体现的是城市清晨时分，表现的主体是东盟商务区玻璃幕墙建筑群及城市道路，建筑轮廓特征鲜明、排列紧密、透视集中，城市道路灵活地穿插其中，体现了规划的几何特征。商业建筑和城市道路的构成和色彩并不复杂，大多数色块聚散度存在明显的规律性，沿着三点透视的灭点和透视线进行聚散，着重表现中景的超高层建筑群，适当虚化近景附属建筑群、远景天空和森林。这幅作品中色彩与色彩之间边缘的边界数量非常多，所以作者在三类色块聚散度中选择了弱色彩对比的方法，前景、中景和远景的对比效果比较温和。

　　（1）这幅作品的主色不多，色温对比是最有效的表现方式，并且整体画面保持了基本相同的纯度，弱色彩对比效果更为理想。这幅作品同时使用了大面积冷色调、小面积暖色调和点缀性无情色彩所产生的色块对比。其中，暖色调包括建筑群和道路的受光面、环境色、高光等区域，以及少数固有色是暖色的建筑等区域，具体为橙色、深红色和带有橙黄色倾向的白色；冷色调包括天空、森林、道路景观、建筑群玻璃幕墙等区域，具体为蓝紫色、深蓝色、蓝绿色、绿蓝色和带有冷色倾向的白色。这幅作品中橙色与深蓝色是色温的两个极端，色温对比最为强烈，其他色块越靠近这两个色彩就越冷或者越暖。

　　（2）纯度对比。虽然这幅作品保持了整体纯度的基本一致，但是在画面中景区域中使用了黑色和白色。这幅作品中的纯度对比与其他形式的对比同时存在，使观众视线从占据一半画面面积的远景逐渐吸引到中景区域。纯度对比没有转移观众对建筑细节表现的注意力，反而使画面呈现更具空间秩序感。

三、构图改变

　　这幅作品采用三点透视形式，所着重表现的是东盟商务区建筑群的林立感、密集感与城市商业氛围。所以，作者对几座超高层建筑群做了非常细致的细节刻画，后排建筑群逐步虚化，与远景森林做出一定的融入感。与此形成对比的是远景天空和森林做极端虚化处理，近景内容做扁平化处理。

　　（1）横向轴线。这幅作品采用横向轴线构图形式。画面从上至下分别如下：天空位置约占满上部 1/2 部分；建筑群位置约占满中间 1/4 部分；城市主道路和附属建筑群约占满下部 1/4 部分。作者把更具研究亮点的几座超高层建筑群放在横向轴线的下方 1/4 部分，上下不超过 1/4 幅度。

　　（2）主观改变。为了保证表现几座超高层建筑群，这幅作品的构图做出了主观改变：尽力虚化远景天空、江景和森林的轮廓，降低其明度；改变中景天空云彩的走势，使其趋向画面中心集中，将观众视线导向超高层建筑群；降低近景城市道路的明度，使其呈现深灰色，以匹配中景建筑的明度标准，形成画面色彩呼应关系。

第四节　小结

东盟商务区是广西壮族自治区南宁市经济活动频繁和发达的区域之一，是一个具有商业服务、娱乐休闲、国际交流、高端生活功能的城市核心区，体现着新时期的城市风貌。东盟商务区的建设强调地块之间的连通性，在各个地块之间形成了以建筑中轴线、下沉式广场、地下街道和地下通道为主体的互联互通式综合空间系统。东盟商务区的建筑包括很多的地下类空间，一方面是具有建筑节能优势，另一方面是消极的心理体验，所以建筑在光环境、通风除湿、交通导向等方面设计得比较合理，符合人们的心理预期。

在色彩和谐方面，整幅画面整体色彩偏冷，选择的纯度基本相同，而色相和明度不尽相同；色相的色彩秩序控制在色相环 230 度角以内，并呈现类似色相梯度秩序。其明度色彩秩序跨度非常大，呈现非相等梯度分布，画面色彩对比强烈，整体色彩明度渐变关系比较细腻。

在色彩氛围方面，冷色调色彩占有画面大部分面积。色块聚散度分为建筑群色块和自然环境色块。建筑群色块聚散度非常高且集中，自然环境色块聚散度比较低且分散。在这幅作品中，商业建筑群色块为图，自然环境色块为底。构图采用三点透视形式，并做出构图改变，整体采用横向轴线构图形式。

第二十二章　结论

第一节 本书的研究任务和具体解决的问题

本书的研究任务是以手绘的角度做建筑色彩感性因素量化研究，找到跨学科角度下的色彩学感性因素影射方法。研究目的是运用建筑色彩和谐量化模型，解决色彩学规律与色彩感性因素的量化问题，为色彩研究人员和非专业手绘爱好者示范一个积极有效、易于理解的色彩手绘理论系统，使手绘色彩规律在一定程度上成为计算和交互的模型。

从手绘艺术的角度出发，本书所展示的研究工作主要着眼于以下三个板块：①色彩家族因素问题；②色彩秩序原则问题；③色彩氛围问题。这三个板块是构成手绘色彩感性规律的核心要素，通过解决这三个板块的感性因素与数据模型之间的映射关系问题，确立了手绘艺术色彩研究的基本框架和常见方法，为新的手绘艺术理论的推广提出了新思路。

色彩家族因素问题是手绘艺术色彩的关键问题之一，也是色彩研究的重要内容。然而，由于不同学科的人员对色彩和谐美感的概念认知不尽相同，和谐概念及相关因素的定义成为解决色彩和谐因素量化和交互设计问题的主要障碍。本书通过 16 个个案研究分析，树立了色彩和谐概念和构成和谐的原则，并为和谐原则提出量化方法。

色彩秩序原则问题是手绘色彩认知中的个体性因素。本书的色彩秩序原则研究解决的并不是通用性的规律和群体性认知，而是描述单个个案研究在色彩秩序原则中的独立特征。本书关于色彩秩序原则的研究成果如果日后用于建筑手绘艺术创作，主要解决的应该是不同流派、不同地区建筑的色彩特征表现问题。关于量化方面，本书树立了色彩独立特征的范畴，提出了色彩独立特征量化的方法与模型，并以 16 个个案研究为示范分析。

色彩氛围问题是决定画面呈现效果的主观因素。在建筑造型不变的前提下，色彩氛围对画面整体效果有着显著的影响力。本书通过面积比例、色块聚散度和构图改变三个因素进行量化，体现色彩氛围三个因素与画面整体效果之间的量化关系。

通过解决这三个具有代表性的基础问题，本书详细展开了色彩感性因素量化研究，试图建立手绘艺术色彩的基本表现方法体系，以期对色彩感性因素量化研究和应用朝更容易被多学科人员理解、更符合感性认知规律的方向发展有所裨益。

第二节 本书的研究特点

一、整体性分析色彩关系

传统的色彩学研究的主要研究对象是单独的色彩，或者多个色彩之间的比较性研究。这种方法实质上是把色彩作为单独个体对待，属于色度学研究角度，而不是画面多个色彩组合关系的色彩学问题。目前这种研究取得了许多成果，但是无法通过个体色彩元素分析来达到构建手绘画面整体关系的目的。

本书的研究创造性地将色彩组合及各个色彩之间的关系作为主要研究对象，而不是将单独个体色彩作为主要研究对象。借助本书提出的整体性研究方法，将画面色彩组合作为整体对象进行认知，将画面内复杂的色彩感受进行量化分析，表达成可以相对计算的数据模型。本书的主要研究方法符合格式塔认知心理学原理，在一定程度上区别于色度学范畴的色彩感性因素量化研究。

二、数据化描述画面色彩关系特点

色彩感性因素是否能量化是色彩设计能否在真正意义上量化表达、跨学科沟通的关键问题。由于画面色彩认知的因素错综复杂，各个因素之间的相互影响非常隐晦，色彩关系常常被认为过于主观而难以展开具体的量化研究。目前的相关研究多止步于简单的比例关系和感性语言陈述，这离本书的研究目标相去甚远。本书提出的方法是将影响感性认知的各个色彩关系因素分解成单项板块，然后设计成量化标尺。这样，每一个色彩感性因素都可被明确量化，这不仅有利于精准分析画面色彩组合的感性特征，还使多学科人员能够交流色彩学问题成为可能。

由于采用给三个板块指定独立量化标尺的方法，每一个色彩感性因素都对应一个具体的评价尺度，每一个因素都有一个对应的参数值或衡量尺度，这种感性特征映射方法能够将每一个个案研究色彩分解成具体的色彩感性特征量化值，使色彩感性因素和整体特征都能以相对具体的数值和尺度进行描述和计算。

虽然本书没有对全部手绘色彩感性因素提出具体对应的量化解决方法，

但是本书提出的方法可以在深入色彩学量化研究中普及应用，通过后续对其他色彩感性因素的量化研究来不断完善相关的研究方法和量化模型。

三、兼顾色彩共性规律与艺术创作个性表达的研究方法

手绘色彩研究之所以错综复杂，其中一个重要原因是手绘艺术是集共性与个性于一身的创作，在某些具体过程操作中很难将共性因素与个性因素完全分剥。这也是传统色彩学研究没有明确划分研究范畴而导致色彩感性因素陷入混沌研究状态的重要原因。本书的方法是从手绘作品作者的角度尽可能地分离共性因素与个性因素，对各个因素进行独立分析，同时考虑到共性因素与个性因素有同时存在的实际情况，在建立量化模型和标尺时运用与共性因素类似的表达方法。这样，不仅能为面向艺术学、建筑学、化学和心理学等多学科人员色彩学研究提供可行性方式，还能评价和表达艺术创作的个性化表达特征。

第三节　本书相关研究的创新点

以往的色彩量化研究主要集中在色彩标准化、照明系统、光学色立体等方面，研究对象主要是单独的色彩或者多个色彩之间的比较性研究，以及色彩在各种色彩系统中的排序状态。手绘艺术中的色彩往往意味着多个色彩的组合方式与状态，而以往的色彩学研究没有能解决手绘艺术色彩的感性认知如何量化和计算等问题，因此无法突破艺术学、建筑学、化学和心理学等多学科交流瓶颈。本书以个案研究色彩为研究对象，解决的是多个色彩组合的感性因素描述与量化问题，色彩组合方式、色彩之间转化状态等要素代替单独个体色彩的定义描述，成为本书研究的核心对象。本书以一个全新视角开创了一条手绘艺术色彩量化研究的新途径，突破了跨学科人员对手绘艺术研究的交流瓶颈，着重解决了色彩学感性认知规律与理性计划之间的沟通转换问题。从色彩家族因素问题、色彩秩序原则问题和色彩氛围问题三个板块提出了量化标尺，解决了困扰色彩学研究领域的感性认知规律无法量化表达和计算的传统问题。在以感性认知为主的艺术学、心理学等与以理性计算为主的建筑学、化学等之间实现跨学科、跨语境的转换。在以往色彩学各项研究成果的基础上，通过本书提出的量化模型和标尺，将建立一套跨学科的沟通语言模式。如此，色彩学研究将不再是仅针对主观认知规律的研究，而是一项融合了自然科学研究方法的、主观认知与客观规律相结合的跨学科研究。

第四节　后续研究与展望

因本书研究工作时间有限，尚有更多的色彩感性因素没有展开更深入的研究。作为一个跨学科的色彩学研究量化模型，涵括越多的手绘艺术色彩方案、色彩因素维度，模型就越能真实地再现色彩本质关系。所以，应在本书的方法论基础上深入挖掘更多的色彩感性因素并合理使之量化，以不断充实和优化这个模型。本书的方法在面对不同的色彩感性因素对象时，有不同的量化标尺和解决方案，但总体来看，将各个因素分解成单纯的线性维度，并通过标尺量化各个因素是本书研究的基本思路。在坚持这种基本思路的前提下，各个因素维度能够统一在一个模型中进行分析衡量，这也为今后的研究和综合性应用打下了良好的基础。后续的色彩感性因素研究将以本书的基本思路为蓝本，以求在本书的研究方法框架内完善色彩学研究量化模型。另外，色彩学研究量化模型的大量数据结构和方法将为色彩数据分析提供最基础的计算来源与评价依据，色彩数据分析可以根据量化的多维度数据结构展开。事实上，色彩学研究领域还有许多值得展开深入研究的问题，这些问题的解决将更深远地影响色彩学的未来。

参考文献

[1] 陈钦权.解析色彩语义[J].装饰，2003,6(2):86.

[2] 张春华.论欧洲色彩理论发展的关键时期[J].新美术，2007,2(2):57-68.

[3] 赵国志.色彩构成[M].沈阳：辽宁美术出版社，2001.

[4] 日本奥博斯科编辑部.配色设计原理[M].北京：中国青年出版社，2009.

[5] 黄朝晖，鲁榕，王新.色彩构成与配色应用原理[M].北京：清华大学出版社，2015.

[6] 宋建明.色彩设计在法国[M].上海：上海人民美术出版社，1999.

[7] 刘敦桢.中国古代建筑史[M].北京：中国建筑工业出版社，1984.

[8] 高淑玲.色彩认知和色彩感觉之研究——以改变配色形状和面积比对色彩意向影响为例[D].台湾：云林科技大学，2004.

[9] 侯幼彬，李婉贞.中国古代建筑历史图说[M].北京：中国建筑工业出版社，2002.

[10] 朱丽，黄金龙，江山.传统装饰图案与现代设计[M].北京：北京师范大学出版社，2014.

[11] 珍妮·帕克茨.三维空间的色彩设计[M].周智勇，译.北京：中国水利水电出版社，2007.

[12] 胡国生.色彩的感性因素量化与交互[M].北京：中国建筑工业出版社，2018.

[13] 黄恩厚.壮侗民族传统建筑研究[M].广西：广西人民出版社，2008.

[14] 李建平.广西文化图史[M].广西：广西人民出版社，2009.

[15] 熊伟.广西传统乡土建筑文化研究[M].北京：中国建筑工业出版社，2013.

[16] 李长杰.桂北民间建筑[M].北京：中国建筑工业出版社，2016.

[17] 王昀.传统聚落结构中的空间概念[M].北京：中国建筑工业出版社，2016.

[18] 杨大禹.对云南红河哈尼族传统民居形态传承的思考[J].南方建筑，2010,12(6):20–29.

[19] 杨大禹，朱良文.云南民居[M].北京：中国建筑工业出版社，2009.

[20] 方洁，杨大禹.同一民族的不同民居空间形态——哈尼族传统民间平面格局比较[J].华中建筑，2012,6(6):152.

[21] 沈鸿雁.岷江流域羌族民居生态适应性探析[J].装饰，2013(10):125–126.

[22] 李先逵.四川民居[M].北京：中国建筑工业出版社，2009.

[23] 郭焕宇.近代广东侨乡民居文化研究的回顾与反思[J].南方建筑，2014,2(1):25–29.

[24] 王琴.中国传统聚落空间的文化生态诠释——以广东传统民居聚落为例[J].文化学刊，2019(11):18–23.

[25] 万敏，曾翔，赖铮丽，等.安远县老围历史文化名村保护规划探析[J].规划师，2015(11):127–134.

[26] 陆元鼎，魏彦钧.广东民居[M].北京：中国建筑工业出版社，2018.

[27] 陆琦.广东民居[M].北京：中国建筑工业出版社，2008.

[28] 李久君，陈俊华.八闽地域乡土建筑大木作营造体系区系再探析[J].建筑学报，2012(S1):82–88.

[29] 肖明光，陈欣.汉唐古镇 两宋名城——福建泰宁古城的保护与发展[J].城乡建设，2004(2):37–38.

[30] 缪建平.泰宁明代民居建筑的形制及其文化蕴意解析——以尚书第历史街区为例[J].小城镇建设，2013(12):85–89.

[31] 宋德剑.从地域空间、族群接触看围龙屋与土楼、围屋的形成[J].中南民族大学学报（人文社会科学版），2014,9(5):72–76.

[32] 黄浩.江西民居[M].北京：中国建筑工业出版社，2008.

[33] 段亚鹏，张小妹，邱红霞.以金溪县为例探析赣东地区门楼艺术[J].山西建筑，2016,12(4):34–35.

[34] 许贤棠.论黟县古村落景观的视觉和谐之美——以南屏古村落为例[J].安徽农业科学，2010(8):5428–5430.

[35] 王炎松，商曼.金溪明代牌坊建筑艺术初探[J].华中建筑，2011,1(1):145–148.

[36] 单德启.安徽民居[M].北京：中国建筑工业出版社，2010.

[37] 戴志坚.福建民居[M].北京：中国建筑工业出版社，2009.

[38] 常浩.多维框架下的福建土楼建筑遗产资源分析[J].古建园林技术，2018(2):37-40.

[39] 雷翔.广西民居[M].北京：中国建筑工业出版社，2009.

[40] 萧默.广西三江侗族风雨桥[J].古建园林技术，1992(2):65.

[41] 龙江，李莉萍.土家族吊脚楼结构解读[J].华中建筑，2008(2):154-160.

[42] 湖南省住房和城乡建设厅.湖南传统民居[M].北京：中国建筑工业出版社，2017.

[43] 王炎松，易宇.凤凰古城民居的多民族元素特征初探[J].华中建筑，2012(7):174-176.

[44] 李晓峰，谭刚毅.两湖民居[M].北京：中国建筑工业出版社，2009.

[45] 朱雷，刘阳.另类徽州建筑——歙县阳产土楼特征初探[J].建筑与文化，2015(11):122-123.

[46] 赵巧艳.中国侗族传统建筑研究综述[J].贵州民族研究，2011(4):101-109.

[47] 邓玲玲.侗族村寨传统建筑风格的传承与保护[J].贵州民族研究社，2008(5):77-82.

[48] 罗德启.贵州民居[M].北京：中国建筑工业出版社，2008.